U0022004

專利營運的新機制

運用 AI 分析專利資訊，輔助經營管理者做出關鍵決策

紀念
智慧財產界的教練
周延鵬先生

指導者──周延鵬 律師

作　者──曾志偉、林家聖、徐歷農、薛曉偉、周靜、
　　　　劉宙燊、林子堯、唐家耀

編　著──蔡佩紜、李威龍、江德馨、李思儀

周延鵬

周延鵬律師在智慧財產的產、學、研各界擁有超過 36 年的經驗，曾協助鴻海與夏普公司，以及許多中小企業在全球智慧財產博弈上戰勝許多國際級的大型企業，並被國際智慧財產權威媒體 -IAM（Intellectual Asset Management）評選為全球前 40 大智慧財產的駕馭者，台灣至今仍無人能出其右。

經歷：

1987 至 2003 年
曾任鴻海科技集團法務長。創立、經營鴻海科技集團中央法務處，主要負責集團全球商業法律、智慧財產權、產業分析、投資併購及上市法律事務，並管理部分創業投資業務。

2004 年起
曾於海爾和台灣工業技術研究所等知名企業與研發單位擔任顧問，亦曾受邀於台灣大學、政治大學、成功大學等知名大學執教。

2009 年起
領導世博科技顧問公司（Wispro Technology Consulting），專注於新興產業及技術，為跨國企業和新創公司提供整合專業服務，包括策略、法律、智慧財產、投資、併購和商業模式。

2013 年起
建立賽恩倍吉集團（ScienBiziP Group）在日本、中國、台灣和美國均設有據點，提供一站式智慧財產顧問服務，包括智慧財產申請、授權、交易、訴訟、質押和資產組合管理。

2013 年起
創立麥克思智慧資本公司（MiiCs & Partners），在美國、日本、中國及台灣為全球客戶提供智慧財產貨幣化的服務。

2014 年起
創立孚創雲端公司（InQuartik Co.），一家致力於發展人工智慧技術，並專注於專利智能情報與即時分析的軟體即服務（SaaS）供應商。孚創以提供完整的專利生態系統為使命，藉由收集與分析關鍵專利資料，進而提供具有影響力的決策洞見。

2018 年起
曾擔任日本賽恩倍吉株式會社（ScienBiziP Japan）社長，支持夏普公司的智慧財產營運及貨幣化。

出版著作：

2006 年　　虎與狐的智慧力 - 智慧資源規劃九把金鑰

2006 年　　一堂課 2000 億：智慧財產的戰略與戰術

2010 年　　智慧財產：全球行銷獲利聖經

2015 年　　智富密碼：智慧財產運贏及貨幣化

獎項：

1. Intellectual Asset Management (IAM) 全球 40 智慧財產市場的駕馭者 2015, 2016, 2017, 2018, 2019

2. Intellectual Asset Management (IAM) 全球 300 智慧財產策略家 2017, 2020, 2021

3. Intellectual Asset Management (IAM) IAM Asia IP Individual of the Year 2019

4. 社團法人中華民國管理科學學會：李國鼎管理獎章 2017

作者簡介

曾志偉

現職：賽恩倍吉集團主席、世博科技顧問首席顧問、MIH 諮詢委員會委員

簡介：

擅長商業模式及智慧財產策略、投資併購盡職調查、專利組合佈局策略、專利風險分析、專利貨幣化。

曾協助世界 500 強的日本、中國、台灣跨國上市企業處理整合專業服務並擔任顧問，涵蓋含商業模式及智慧財產策略、投資併購盡職調查、專利組合佈局策略、專利風險分析、專利貨幣化領域，以及全球主要國家專利調查分析、無效分析、侵權分析及其因應措施、專利佈局策略規劃、專利交易等事務。

林家聖

現職：世博科技顧問執行長、國立成功大學智慧財產審議委員會業界委員（2020 迄今）。

簡介：

專注耕耘標準必要專利（SEP）、醫療器材等產業，擅長專利組合管理、專利生命週期管理、跨域情報分析、商業模式與營運流程分析規劃等。

曾受世界 500 強的跨國企業、中小企業、新創公司，及學研機構等客戶委託，負責處理跨國研發據點智財協同機制、專利無效分析與主張、智財生命週期評估機制、權利金追索分析與因應、專利資產盤點與活化等專業服務。

徐歷農

現職：孚創雲端執行長
簡介：
曾任世博科技顧問有限公司總監，負責軟體即服務、雲端計算、物聯網和資通訊產業的企業和新創客戶，提供專利分析、專利風險管理、專利組合管理和標準必要專利服務。
曾任孚創雲端 Patentcloud 平台產品協理，負責協調資料科學家、軟體工程師與設計師組成的產品團隊，建立 Patentcloud 資料庫、演算法、軟體即服務解決方案，並管理全球夥伴關係與產品上市。

薛曉偉

現職：賽恩倍吉集團副總經理、中國專利代理師、中國專利信息人才
簡介：
擅長於知識產權戰略規劃、產業技術調研、專利生命週期管理、專利資產管理與運營等。
曾任職於全球 500 強跨國企業集團近 20 年，擔任知識產權部門高階主管；兼具專案層面、BG 層面、集團層面等各層面專利管理經驗，對專利全球佈局、專利風險管理、專利資產和生命週期管理有豐富經驗和深入見解。

周靜

現職：世博科技顧問副總經理、中華民國專利師、NACVA 評價分析師、專利師公會企業智權實務管理委員會主委

簡介：

卡內基梅隆大學化學工程碩士、國立台灣大學化學工程系學士、國立台灣大學進修推廣學院管理碩士學分班。擅長於專利盡職調查、專利佈局分析、專利風險管理、專利無效分析、專利訴訟、專利舉發、商標與營業秘密管理。

擔任多家企業之長期合作外部智財顧問，包含財團法人 MIH EV 研發院、國內知名汽車品牌廠、半導體設備供應商、車用鋰電池廠商等。

劉宙燊

現職：世博科技顧問總監

簡介：

擅長全球主要國家專利調查分析、專利盡職調查、風險分析、侵權分析、無效分析，以及專利佈局規劃、維持評估、基礎建設規劃等生命週期管理。

曾任經濟部工業局專利檢索加值計畫（先進輔助駕駛影像感測、自駕車光達感測器）講師；台北醫學大學之生技醫療產業的專利風險控管講師；國科會「111 年產學合作政策規劃暨科研產業化平台推動計畫」智財諮詢會議專家。

林子堯

現職：孚創雲端資料科學實驗室資深工程師、資深資料分析專家

簡介：

國立臺灣大學心理學系暨研究所計量組碩士，專精 R 程式語言的撰寫，亦為 CRAN 程式套件與 SSCI 論文作者。

現為孚創雲端核心研發成員，主導專利品質與價值模型的設計與實現，同時參與專利資料清理、前案自動分析、SEP OmniLytics 等產品的研發與演算法設計。專長為結合行為科學統計分析思維與計算機科學建模技術挖掘隱匿於巨量資訊中的秘密。

唐家耀

現職：麥克思智慧資本高級顧問

簡介：

多倫多大學精算學及經濟學學士，主要負責專利貨幣化及投資併購等相關業務。加入麥克思前，曾於世博科技顧問擔任分析員，負責產業研究及協助客戶進行專利佈局規劃等。涉及領域包括無線通訊、顯示器、半導體、電動車 / 自駕車、數位醫療等產業。現為臺灣金融分析專業人員協會會員。

▎ 推薦序

劉江彬（國立政治大學名譽教授、
前國立政治大學智慧財產研究所所長、
財團法人磐安智慧財產教育基金會董事長）

《專利營運的新機制》這本書，是目前我看過最值得台灣產官學研各界仔細研讀的一本好書。其原因如下：

首先，它是周延鵬教授過去近四十年，在鴻海擔任法務長、政治大學智慧財產研究所擔任副教授、工業技術研究院擔任顧問及高科技公司擔任主管等，所有經驗的總結。

其二，本書的內容都是目前高科技公司面臨有關智慧財產最具挑戰性的問題，而苦無解答。特別是專利的品質、價值與價格、專利組合及其生命週期管理、如何提供企業高階主管看懂的專利績效報告，運用 AI 與巨量資料掌握侵權訴訟的致勝先機、標準必要專利的痛點與解方等。

其三，每章內容非常具體，解析問題所在，提供範例與實證，並提出具體建議與結論。條理分明，讓複雜的問題變得容易理解。

本人與周教授相識多年，他認為我是他學術界的伯樂，我則認為他是台灣智慧財產實務界具有國際訴訟經驗，而不可多得的千里馬。他曾提過多少受到我智慧財產創造、保護、管理三隻腳理論的影響（詳見《我所認識的劉江彬》）。

他自 2003 年辭去鴻海工作後，正好被我找上擔任政大科技政策與法律中心研究員暨智財所兼任副教授。

周延鵬的產業經驗非常難得，而他過去不僅以法條看待專利權的觀點，在參與科技創業與研發指標的學術研究後，能夠更加體會科技創新作為企業動力的重要性。他依照我的建議把自己豐富的產業實務經驗記錄、整理下來，至少集結出版成三本書。因此花更多時間在學校，帶著研究生做計畫，也到處進行企業參訪，讓實務更貼近學術語言。台灣智財學者兼具理論與實務的人不多，有國際談判經驗的人更少，周老師每一項都具備，非常感謝他無私傳承個人學識與經驗給我們同學。

我邀請周延鵬至政大智財所開課後，他給學生帶來許多台灣產業界智慧財產專業知識，打開學生的視野。他除了上課、指導論文外，也在政大智財評論發表多篇文章，參與MMOT 培訓班國內上課並擔任論文指導與評論，而且還是研究計畫共同主持人之一。他也跟著所上師生到中國大陸參訪，出席海峽兩岸智慧財產權學術交流研討會。2008 年 12月我從政大退休出版《智慧財產的機會與挑戰—劉江彬教授

榮退論文集》，他撰寫〈專利的品質、價值與價格初探〉一文。成立磐安基金會時，他也曾擔任董事。

2020 年 11 月 11 日磐安基金會執行中技社委託案「美中科技戰發展情境分析與我國產業政策之挑戰」所舉行的「美中科技戰發展與我國產業面臨之挑戰與機會」研討會，我邀請周延鵬老師講授「美中科技戰產業界的因應經驗—探討跨國專利資產運營的衝擊與調整」。會後，周老師邀請我們到孚創雲端股份有限公司，親自簡報花費 13 億元用人工智慧與巨量資料開發的專利平台 Patentcloud。在 2021 年，本會與世博股份有限公司和孚創雲端公司合作開授「AI 與 Big Data 驅動智慧財產營運新模式」課程，他所培養的團隊都已經可以接班，傳承他的智慧財產專業知識，學員反應相當良好，2022 年繼續開設「跨域資料驅動企業專利營運新模式」。

2021 年 8 月，當我在美國聽到他離世的消息深感遺憾，許多校友也很感念他當初在政大智財所的教學與付出，磐安基金會將持續與他的子弟兵合作，讓他的經驗和理論繼續發揚光大。

▍推薦序

李永川（雁博股份有限公司董事長）

周延鵬律師我都叫他 YP，他是我的貴人。很高興能夠藉由《專利營運的新機制》新書的發表，介紹給大家我所認識的周律師。

20 年前為了方便上班我搬到桃園的社區，因為住樓上樓下的關係，偶爾在電梯間會遇到周律師，彼此點頭打個招呼，後來從鄰居口中才知道，周律師在專利法律和訴訟頗有來頭。幾年後因為公司轉上市，我們需要尋求新的獨立董事，我就主動上樓按電鈴自我介紹，周律師告訴我他知道我們，雁博專注在高階醫療器材的研發製造，他也肯定做醫材很有深度、但是很困難，這樣的主動求才他一口就答應，因此雁博在七董裡面就有五位獨立董事而且各有專精。YP 的個人特質是一位超高度思考、具有很強的策略思維，他幾年間對我的影響很大，在董事會他最常提出的兩個問題，第一個是：你設定的領先競爭者是誰？你對競爭者有多深入了解？你要如何追上甚至超越他。第二個問題是：成本競爭力，就算你有最好的商品品質，如果沒有保留足夠利潤給客人，他為什

麼要千里迢迢到台灣跟你採購。

十年前的某一天公司收到了訴訟通知,某家美國公司到 ITC 告我們專利侵權,當然第一時間我就去請教 YP,他帶領我們認識 ITC 並且詳細的分析情勢,第一步你是選擇要打還是逃,為了做品牌我們必須要打,第二步那你是要選擇攻還是守,接著就是盤點手上的籌碼,包含研發的技術能力、生意的影響程度、資金的準備。同一時間我有另外一位貴人是施振榮先生,施先生像是心理醫師指導我面對問題,專利訴訟往往是為了商業的目的,經營者要站到最前線面對問題、解決問題,訴訟不用怕人家知道,最關鍵是穩定內外部軍心。YP 指導公司做專利訴訟管理,從定位訴訟目的,往下我們採取專利無效、迴避設計的策略,接下來才是一段難熬的過程,整個公司上下是草木皆兵,經過兩年半的攻防,逼迫對手提出和解要求,我們終於小蝦米戰勝大鯨魚,但是今天再來回顧這段歷史,我們應該算是死裡逃生,得到了喘息的機會,讓我們可以收拾戰場、備戰未來。

我所認識的周律師非常重視效率,當年結束專利訴訟的管理,他馬上又帶領著世博的優質團隊,運用 AI 跟巨量資料,進階專利檢索與分析的能力,進而建立專利侵權訴訟的新工具,本書第 6 章以淺顯易懂的方式,說明擅於使用專利分析工具的企業,能夠迅速擬定適合的戰略,以在專利訴訟戰中取得強大優勢。除了輔助專利侵權訴訟外,世博最核

心的能力，就是運用專利跨領域資訊來支持商業決策，以專利為核心把有形資產結合無形資產，運用人工智慧跟跨域資料，輔助企業做商業的關鍵決策，本書第 1 章中藉由大量數據資料，佐以實際案例說明，讓企業主及高階主管能夠從一個不同的角度，深入思考公司商業決策的背後邏輯。這是周律師帶領團隊建立的核心能力，世博團隊承接了周律師的經營理念，也可以為台灣的產業升級繼續提供長期的貢獻。周律師所建立的專利商業化巨量模式＋專利訴訟管理＋智權服務數位轉型，這樣的整合服務可以發揮很強大的戰力。

我所敬佩的 YP 很重視紀律，對於時間管理也很精準，常態性的生活方式是每天晚上九點以前上床，清晨 3:30 就起床四點跟美國視訊工作，5:30 下樓去游泳運動，7:00 準時上班，晚上幾乎很少有交際應酬，對於工作危機感很重，也就是永遠不滿足於現狀。YP 的一生非常的豐富精彩，他的離去對台灣是一大損失，但留給台灣也是滿滿的寶貴無形資產，身為 YP 的家人也一定以他為榮，祝福周太太和家人永遠健康快樂。

絕無僅有的延鵬

余範英（余紀忠文教基金會董事長）

回顧侵權訴訟、貿易報復的 1980 年代中葉，我剛回國擔任工商時報發行人，正是台灣經濟發展蓬勃，屢創奇蹟的亞洲四小龍榜首，卻也是被美國 301 條款纏身，台灣被歐美詬病為仿冒、盜版王國之際。深知國內欠缺產業技術研究發展、技術移轉、技術深耕的知識探討，正面對知識經濟時代，產業遭逢轉型的瓶頸。踏遍國內外終於尋得，在西雅圖致力於智財權研究的劉江彬教授，參加工商時報、工研院、Arthur D. little 合辦的科技創新的環境與挑戰，就此江彬教授回國支撐台灣智財權發展的一片天。

與江彬結緣、和徐小波共同為台灣智財權努力的過程中，因緣際會在推動兩岸學術訪問中初識延鵬。進而於 2004 年政大智財所與上海產交會的「智慧財產交易融資風險座談會」上，聆聽周教授詳述「跨國企業技術移轉、經營與法律」的見解。甫從鴻海集團退休的周延鵬在上海的會議上，

周教授將他多年於企業內化推進的必要因應變局的能力，以Peter. M. Senge 的系統思考概念，提供技術研發創新過程中，跳躍傳統認知，從宏觀角度分析跨國企業在智慧財產經營上的運籌帷幄，並首先提出智財權資源規劃平台，支撐企業全球營運與管理之構想。他精闢耕深的全面觀照，對當時的兩岸智財權產業及學界，注入一股嶄新的啟發。

44 歲自鴻海退休，對延鵬來說不是結束，而是海闊天空的開始。2004 年起延鵬為工商時報執筆，提供雜亂混沌的新時代政策方向指引，每周固定一篇由事件看變化背後的結構，以靜態分析觀照變因及互動，在過去勞力、土地輕易可得的優勢不復在，政策之制訂更應有系統性思考。專欄主任王克敬念及他，兩年多一百餘篇「一堂課 2000 億：智慧財產的戰略與戰術」，仍喃喃自語：準時交稿，他是從不延誤的。為國家競爭力在主客觀環境改變下，延鵬獨自承擔起這刻不容緩的課題，輾轉不息看見他繼續為「天下」再提筆的《虎與狐的智慧力－智慧資源規劃九把金鑰》，有感台灣企業曾因國際智慧財產這椎心難題，付出高額代價，以一夜白頭的實戰經驗，欲提出強有力的解方；他說：「你沒有打過仗，你不會變成士兵」。

延鵬自承，自擔任鴻海法務長起，近四十年來都不斷反省，有什麼方式可以導入新的智財權管理機制，建立新戰略，在學術中、實務上非課堂的專業演練，培養兩岸產業升級的

未來，尤其台灣產業的跨國競爭力。「奮鬥不懈」是他一生的寫照；與他交往的友人、子弟，折服於他對法律、商業高度敏銳外，還有那遠大格局的視野，不斷學習不恥下問的突破精神。

回憶當初致力將智財權從學術連結到產業實務，激盪出如何將無形轉成有形資產。延鵬將智慧的精華變成企業資本，並提出商品化、產業化、授權、作價投資和侵害訴訟等策略規劃的做法和建議。這一輪輪糾結心智的付出，是難忘的珍貴記憶；這一段段風霜備嚐的歷程，有令人崇敬又疼惜的一生。

而我，在 2021 年 2 月底剛過完年，疫情紛亂中接到許久不見的延鵬來電，親口告知已病重，將不久於世。這猛然的一擊，真是承受不起。半年後，在美中局勢多變的艱難時刻，延鵬離世了。在萬物皆「有價」的今天，我失去了一位「無價」的朋友。

最後一次與延鵬的見面是在世博會議室，消瘦蒼白的他告訴我希望能出版一本說明他在近幾年在智慧財產業界上的創新成果，我引薦了時報出版社的政岷與延鵬的執行團隊對接。經過一年多的期待與努力，本書終於要在 2023 年問世，研討會訂定於二月下旬舉行。期望延鵬在智慧財產業界三十餘年的經驗與智慧，能藉江彬與子弟們此次召開「國際智慧財產最新趨勢及因應」的努力及新書發表，繼續傳承與延續。

▌序

在人工智慧（Artificial Intelligence, AI）的時代，亞洲企業如何運用人工智慧與巨量資料（Big Data）以及專業實務，導入智慧財產管理的新機制，建立創新的智慧財產與企業營運戰略，提升在國際的競爭力？綜覽全球專利最新局勢，專利權人在過去累積的專利資產是否發揮效益？授權與買賣等專利交易的評估與對價是否合理？面臨專利訴訟的金錢與時間折騰能否改變談判地位？面臨深陷貿易、科技戰更雲譎波詭的市場競爭，若不知智慧財產問題癥結及突破口，恐將無止境的面臨指謫、報復、擋關、索賠、要求支付權利金等問題，甚至可能被驅逐市場，失去逐鹿天下的機會。

36 年來，周延鵬律師因緣際會在美國、歐洲、中國、日本和台灣的產業界、學研界、律師界和資料科學界服務，歷經資通訊、光電、醫藥、醫材、半導體、網際網路、電動車、自駕車、無人機、人工智慧、無線通訊、無線電力傳輸、影音／電視標準技術等產業所涉及的各國專利的檢索、佈局、申請、維持、訴訟、授權、買賣、質押、資產組合等業務以及作業上相關的專利搜索工具及專利管理系統。而且，也從

鴻海公司退休後十八年來一直研究並渴望透析出專利經營問題癥結之所在，期望創造出新一代的解決方案，以改變一甲子的專利權力遊戲僵局—用人工智慧和巨量資料**翻轉**不對稱的專利零和賽局。

前言
專利一甲子的糾結與解方 [1]

世界智慧財產權組織 [2]（WIPO）依中國和阿爾及利亞提議，於 2000 年決定，2001 年起將每年的 4 月 26 日定為「世界智慧財產權日 [3]」，旨在期望全世界能尊重知識、崇尚科學和樹立保護智慧財產權的意識，鼓勵世人知識創新並共同營造保護智慧財產權的法律環境。

隨著世界智慧財產權日的設立超過二十餘年，概覽全球專利智財局勢，智慧財產權法雖仍需持續修訂，但多已臻至完善。因此，思量未來市場脈動時，並非需要迫切省思法律本身，而是需優先省思在智慧財產權這塊戰場中，後進國家是否參透了歐美企業如何運用專利於市場博弈、貿易戰和科技戰？

專利歷史源遠流長，貿易戰的一甲子烽火啟示了什麼？

再遠溯自 1474 年威尼斯頒布專利法 [4] 以來，迄今已 548 年；雖全球大多數國家也制定了專利法，但各國在實施專利法上仍像實施其他法律般奉行慣例，鮮少高舉專利大旗，發

起貿易戰，對付競爭國及他國競爭企業。因此，真正需要探討與借鏡的是始於 1960 年代起，美國利用專利發起一場又一場沒有煙硝的貿易戰爭，極大化自己的專利跨域實力，對付歐洲和日本；繼則於 1980 年代對付台灣、韓國、香港，並於 2010 年開始對付中國。

歷經六十幾年了，是時候讓歷史翻開新的篇章，審度琢磨為何大多數亞洲國家和企業仍深陷於美國專利戰爭？為何過往縱使投入了龐大資源申請大量的母國專利和美國專利，卻如同竹籃打水，鮮有用武之地？為何擁有龐大的各國專利資產，卻仍擺脫不了他人主張美國專利、提起美國專利訴訟和要求授權的糾纏，甚至淪為美國專利權人的提款機？時至今日，還看不到亞洲國家和企業能創造出真正的拐點。

▎ 亞洲國家的專利主要問題癥結

亞洲國家所面臨的專利問題癥結，歸納其主要項目至少有：

1. 未掌握歐美專利生態系及其組織編制、人員專業、業務類別、流程、預算等運作關係，以及未發現目前歐美專利生態系的實質缺陷並提出真正解方，只有學其形、未學其骨，導致無法有實質的革新；

2. 缺乏專利生命週期管理後段的訴訟、授權、買賣、質押等經驗，同時也缺乏管理專利資產組合必備的知識、技能、

經驗、方法及工具，導致所投入的專利等結果徒具數量而已，未能因有專利而能擴大市場、增加收益、提升技術等效益；

3. 大多企業和學研界長期以母國專利申請為始點，再翻譯成美國專利說明書送件申請，而非一開始即以美國專利產業為出發的實務營運以及未來將專利貨幣化的目標來考量。因此多數產學研界的專利申請業務依然停留在單純的申請工作，並未將商業策略與貨幣化要求融入申請業務內涵，導致專利品質與價值不良；

4. 大多數亞洲企業沒有投入基礎研究（Basic Research）和應用研究（Applied Research），而是以跟隨者角色進行技術發展（Experimental Development）或工程改良，導致少有前瞻技術，並造成大多數的專利價值低落；

5. 兩岸受日本四十幾年所發展的專利檢索和專利地圖[5]作業侷限，無法跳脫窠臼，導致不能從資料分析[6]（Data Analytics）並以多種維度透析和利用專利資料，賦予這些資料的新意涵及新用途；

6. 多數企業未能善用新科技，如結合巨量資料、演算法、人工智慧等提出創新解決方案，也無從以不同維度觀測並透析出對自身企業營運有影響的關鍵專利權人與發明人，更遑論從茫茫資料中萃取出與技術有關的所有專利資產的實質內容，進而解析並篩除其中大批量低品質、低價值的專利等雜訊，導致企業不能有效進行研發並產出高品質和高價值的專利組合。

▌美、歐、日其實沒有發展出優異的專利解方

除了上述問題，多數亞洲國家及企業也未能觀測透析出大多數美、歐、日企業、大學和研究機構的專利營運其實仍有實質缺陷，例如美、歐、日企業其專利組合的原理與機制、全生命週期的專利資產管理以及其品質和價值評量指標，都仍有相當不足之處，尚未發展出有效解方。

其實，美、歐、日企業之所以有傲人的技術和專利競爭力，主要是取決於對更多新技術的研究和專利的投資，讓他們得以產出佔整體專利數量不到 10% 的高品質和高價值專利，並在此低於 10% 的專利中再篩選出少數幾件「長牙齒專利」進行專利侵權訴訟，依此來帶動所有低品質和低價值專利的財務績效和市場聲譽的溢外效益，尤其持續以美國聯邦法院訴訟或者國際貿易委員會的 337 調查[7]，逼迫相對方接受授權或者退出市場。反觀，亞洲企業通常遇到被訴，看到高額訴訟費用和綿密法律程序就像驚弓之鳥、不戰而降，屈從付錢結案，此不僅未真正了事，遑論創造新解方。

▌唯有打造專業智財基礎環境向下紮根，重視創新研發才是真正的專利解方[8]

亞洲國家真正要面對是發明專利的癥結，因為發明專利涉及研發投資、技術實力、科研成果轉化、專利法律、語言轉化、流程系統等專業，非屬商業倫理文化可解決。企業即

使無心侵權，產品技術踩到他人專利地雷也屢見，而產品技術縱使侵權，但涉訟專利高於 60%比例可被無效或被認定不可執行。是故，東亞各國顯不能依循美國的智慧財產保護思路來推進自己的戰略，而需要創新不同於美國的智慧財產戰略，始能抗衡、翻轉並獲益[9]。

周延鵬律師基於過往任職與經營事業的實務經驗，就亞洲國家和企業六十年的專利問題癥結，拋磚引玉地呼籲研究和專利基礎環境還需持續紮根，並且也提出已驗證並執行中的新解方供各界參酌：

1. 運用跨域資訊支持研發選題：

亞洲國家除少數大企業和學研界外，大多企業所稱的研發，大多是以跟隨者角色，進行產品發展與技術改良。面對這樣的經濟淺碟問題，周延鵬律師建議，大多企業縱使沒有條件進行基礎研究（Basic Research），也可以提前運用跨域資訊精準選擇研發主題，從各國學研界銜接運用技術的應用研究（Applied Research），並運用美國太空總署（National Aeronautics and Space Administration, NASA）所發展的技術成熟度研發機制（Technology Readiness Levels, TRL）和美國軟體業所發展的敏捷式開發機制（Agile Development），始能有紀律並快速地實質提升產品發展和工程技術的含金量，進而始能提升專利價值。（詳見第 1 章）

2. 專利品質、價值洞察：

亞洲企業在各國申請專利為數不少，但只有數量，而沒有可以「撼動產業」並「咬人」的高品質高價值專利，事實上，現有專利投資大多是浪費的。需發展專利品質、價值、價格及新的訂價模式、機制及其數據，及時透析專利及其活動的虛實[10]。

現在，運用巨量資訊與人工智慧的技術，已經有辦法即時評量一件專利或一整間公司的所有專利並給予品質、價值的排名分數。能支持亞洲企業在專利生命週期中的各種業務建構「能咬人」的專利組合，翻轉過去似是而非的「沒牙齒的紙老虎」一般，僅能用專利數量嚇唬他人的狀況。（詳見第 2 章）

3. 全生命週期的專利組合管理機制：

亞洲企業的專利從業人員所涉及的業務大多限定於初階的檢索、申請、維持等基本業務，較少發展或引用科學方法與機制從事專利佈局、資產組合管理及其營運（商品化、貨幣化[11]）。企業內部不同業務部門間大都是各做各的，或者是將某些業務完全委託於外部事務所，專利生命週期當中的各種業務執行單位像是筒倉（Silo），沒有在統一的機制下彼此同步與校準，也較少運用系統即時共用、共享資料，經驗與知識不能持續地被累積下來，導致專利作業沒有效率。再者，企業大多數是沒有投資建立專業且嚴密的營業秘密保

護措施，也導致許多寶貴的營業秘密隨著人員流動而流失，或者隨著業務往來不慎外洩給客戶和供應商。

亞洲企業可以活用人工智慧與巨量資料支持的智慧平台，「由外而內」的以外部跨域資料輔助專利生命周期管理、專利組合佈局管理、專利風險管理、專利品質與價值管理，將美國專利訴訟及交易實務經驗往前內化到專利佈局申請作業，始有助專利可以「長出牙齒」，確保品質與價值。

此有助專利權人全盤透析並掌握自己和第三方專利資產的真實情況，也有助各界聚焦於高品質高價值的專利組合，而無需再耗費龐大資源去取得、維持或授權大量低品質、低價值的專利。（詳見第 3 章、第 4 章）

4. 專利資產評估與貨幣化：

長期來，各種專利貨幣化業務（專利買賣、授權、訴訟、質押等）所需要的智慧財產的盡職調查（Due Diligence）[12] 仍要透過傳統檢索作業獲得資訊，並以計算專利數量為主，而難以實質評估特定專利權人或技術的專利資產，導致專利權人自己或任何第三方難以從決策維度觀測並透析專利資產的虛虛實實。

如今，透過機器學習技術，已經做到可藉由平台即刻獲取一份包括成千上萬件各國專利資產的評估報告，包括專利國別分布、剩餘年限、法律狀態（申請中、放棄、有效、失效、屆滿）、技術類別與分布、共同持有狀態、發明人及其

歷年專利申請趨勢、轉讓、質押、授權（限有登記者）、再審、審查中被挑戰的專利適格性/新穎性/進步性/明確性問題 [13]，以及品質價值等級及其與同領域專利技術和專利權人的脈絡關係，包括潛在可主張目標對象、同業專利發展脈絡、同業引用脈絡。（詳見第 5 章）

5. 美國專利品質的洞察：

各國專利的品質過往係依據專利局審查來維持專利要件的基準，而要再深入洞察出每件專利的品質幾乎是難以做到的。現在，基於美國政府開放專利資料，專利人員已可藉由科技瞬時獲取結構化的申請審查/獲證後審查資訊，精準掌握每件專利的權利範圍及其變化，深入掌握會影響每件美國專利有效性的世界 5 大專利局（IP5 [14]）和世界智慧財產權組織（WIPO）家族前案、前案的前案，或是透過語意分析專利摘要與請求項所獲得的關聯前案。

這些不同層次的前案已可大規模且有層次地揭露出美國專利的品質問題，此也印證了為何美國專利侵權訴訟和多方複審無效審查近乎 75-80% 被無效、不可執行或被限縮權利範圍。要言之，當美國專利品質可瞬間被辨識後，人工智慧將徹底改變美國專利的訴訟和交易賽局，而居於劣勢的企業將從不對稱的專利戰爭中翻轉到優勢地位主張專利無效。（詳見第 6 章）

6. 巨量資料及人工智慧為基礎的專利分析：

亞洲專利人員較多從事傳統的專利檢索及繪製專利地圖之作業，而較少意識到傳統專利地圖難以對研究、專利和企業活動產生意義及效用。次者，專利人員也幾乎沒有意識到其使用的專利資料品質良莠不齊而影響其判斷，能充分瞭解到巨量資料、人工智慧及資料科學正在衝擊並改變現有檢索分析的人是鳳毛麟角。亦即，過往的專利檢索及專利地圖並未擁有當今資料分析（Data Analytics）的原理和實踐，而是欠缺很多科學基礎、方法及工具支持，導致費工、費時並費錢去產出對決策層沒有意義、也沒有用的報告。

現在，全球已有幾家新創公司，例如：Exata 公司所推出的 Apex Standards[15]、Docket Navigator 公司所推出的訴訟檔案分析[16]、InQuartik 的 Quality Insights、Due Diligence 和 SEP OmniLytics 分析報告[17] 等。藉由整合巨量資料、人工智慧以及專業實務，專利人員已經不需要再花大量時間檢索龐大資料與製作長篇報告，並可將所省下來的時間運用於對資料的分析與判斷，找到可支持組織做出重要決策的關鍵洞見。本書也針對標準必要專利（Standard Essential Patent, SEP）領域的種種挑戰，提出專業的倡議與解方。（詳見第7章）

第 1 章

運用跨域資訊
支持商業決策

權利人都應屏棄過往僅憑感覺而行動的模式，而是透過資料輔助決策的模式，運用精準的資料分析縱橫捭闔。

在 5G、6G 與 AI 時代，任何產業都有可能彼此產生關聯，各個組織的營運活動亦亟需提升。如何有效、敏捷解析並洞察跨領域資料間的情報與價值，透過資料做出有影響力決策，將是組織經營致勝的關鍵因素。

1. 專利資訊隱藏高價值情報，卻未被廣泛利用 [18]

產學研組織非常熟諳有形資產的掌握、營運、盤點及揭露，而且也有法規、流程及系統支持。但對於屬於無形資產——專利的掌握、營運、盤點及揭露，卻仍停留於「有專利與否」及「專利數量」形式，而現有法規、流程及系統也未給予完整配套支持，非常不利於參與全球知識經濟的發展與競爭。

另外，由於專利能夠合法的排除他人進入相同領域的市場，因此，高品質與高價值的專利能有效的阻礙或限制競爭者以及後進者，進而減弱其有形資產的效能及利用。所以在知識經濟時代，如何產出及運用高品質與高價值的無形專利資產，將比有形資產更為重要。

無形資產作為評量組織價值的指標漸漸成為主軸。我們從各組織的對外報告中發現，各組織也愈趨透明揭露其專利

資產及其營運訊息，例如：歐洲電信標準協會[19]（ETSI）所揭露的第五代通訊技術（5G）標準必要專利（Standard Essential Patent, SEP）、Avanci[20] 所組織的車聯網 SEP 聯盟讓擁有 SEP 公司與汽車企業能有公平、合理、無歧視（FRAND）[21]的專利授權模式、醫藥公司於美國食品藥物管理局（FDA）橘皮書[22] 所揭露的醫藥專利、美國醫療設備公司 ResMed 所揭露的醫材專利等。而這類專利資訊的揭露，讓我們深思：「凡能揭露專利資訊者，大多於特定領域可以主導產業鏈、控制價值鏈或分配供應鏈，而且能揭露專利資訊者，也表示其能掌握、營運其專利資產，而且也是多元獲利者。」而專利資產的掌握、營運、盤點及揭露的關鍵核心，即是對專利資訊的種類、項目、組合、相互關係及其統計分析的透析與運用。專利資訊主要包括：

表 1-1：主要專利資訊項目

項目	內容
權利人資訊	名稱、國籍、地址、組織屬性
發明人資訊	姓名、地址
專利代理人資訊	事務所、專利律師或代理人、地址
審查委員資訊	審查員名稱、審查過的案件資訊（件數、種類、分類、狀態資訊等）

項目	內容
專利分類資訊	國際專利分類（IPC）、合作專利分類（CPC）、美國專利分類（USPC）、日本專利分類（FI/F-term）、國際工業設計分類（Locarno）
引證資訊	專利文獻、非專利文獻、審查委員引用、申請人提交、申請人自我引證、申請人以外第三方引證
說明書資訊	技術說明、實施例、權利項
審查資訊	取得或修正專利歷程紀錄
日期資訊	申請日、優先權日、公開日、獲證日、失效日、屆滿日
狀態資訊	公開、公告、失效、屆滿等法律狀態
技術產品領域資訊	專利技術方案所涉及之技術結構、產品結構
專利組合資訊	專利家族（含接續案、部分延續案、分割案）、各國專利、專利組合
品質資訊	影響權利消滅或限縮的證據
價值資訊	專利的產業定位及其競爭者相關專利
商品化資訊	專利技術方案所涉及產品之產銷數量、產銷區域、競爭者產品
貨幣化資訊	買賣、授權、質押、作價投資、專利侵權訴訟
專利無效爭訟	多方複審（IPR）、商業方法過渡期複審（CBM）、核准後複審（PGR）或舉發及其行政爭訟

資料來源：孚創雲端（InQuartik）

　　前述專利資訊相較於有形資產資訊複雜很多，致使各界不易掌握並運用所持有的專利資產，何況是用來支持各類營

運決策。而且，大多數企業和研究機構內部專利管理系統難以支持處理上述資訊，亟需借助第三方專利分析引擎、巨量資料以及資料科學家的協助，蒐集組織內部跨部門的資訊，才能充分盤點、統計及分析專利資訊，並估算出其研發與專利資產之投資報酬及財務績效。

尤其，對於已經積累相當數量各國專利資產的組織而言，更需要積極盤點專利資產，找出高品質與高價值的專利，將其貨幣化以獲取價金或權利金，同時也可以適度剝離或放棄低品質與低價值的專利資產，降低維持費，再也無需抱著不良專利資產充場面。當然，縱使擁有較少專利的組織，也是需要熟悉並善加運用前述資訊來規劃未來專利資產的佈局。

基於知識經濟體系的發展及營運，專利資訊的揭露，美歐學術界自 1980 年代發展知識管理理論、1990 年代發展智慧資本理論迄今，部分美歐企業及政府機關、國際組織雖已開始執行，美國財務會計準則委員會[23]（FASB）、國際會計準則理事會[24]（IASB）、永續會計準則委員會[25]（SASB）近十年也積極探討推進「非財務資訊[26]揭露」，但迄今專利資訊揭露制度及其實施尚未有所突破並取得實質進展。

再者，過往受囿於資料的固有使用疆界、政府開放程度、運用領域限制、技術層次、使用者能力、資料品質等因素，致使產學研官各界難以挖掘出專利及投資併購資料所隱藏的價值，而且也不易廣泛延伸運用。

2. 運用人工智慧與跨域資料，輔助組織做關鍵決策[27]

　　然而，近年來隨著人工智慧（Artificial Intelligence, AI）技術的進步，透過機器去學習人類所建立的演算法（Algorithms）可在短時間內針對各種來源的巨量資料（Big-Data）進行演算。幫助使用者在短時間內即可從巨量資料中獲得關鍵的洞察。

　　此外，隨著近年來美歐日等國開放專利資料、資料生態系的發展，更加速推進了專利資料分析（Patent Analytics）的發展，使得以往沒有被廣泛利用的巨量專利資料的運用獲得了解放，能將多又複雜的專利資訊加以分類、排序、學習並預測，並且透過視覺化的圖示、報表等方式呈現，支持權利人從專利資訊中獲得關鍵的重要情報，大幅度減少權利人以往曠日費時的人工檢索、整理資料、繪製專利地圖（Patent Map）或是製作呈給經營管理者看的報告等的時間。例如：孚創雲端（InQuartik）運用語意、自然語言、圖形分析以及機器與深度學習等技術，發展出 Patentcloud 的各種專利資料的即時分析解決方案。

　　另一方面，即使專利資料提供企業技術發展脈絡的重要參考情報，但透過人工智慧的專利資料分析目前仍有些侷限存在，舉例說明如下：

- 仍無法完全透過機器判斷專利內容的產品結構、技術結構、應用領域結構（以國際專利分類號（IPC）的分類執行專利分析的可解釋性有限）；

- 仍無法單獨透過專利技術資料判斷企業業務營運的好與壞（仍須參考企業本身財務與非財務資訊，包含綜合參考企業在產業鏈、供應鏈、價值鏈的定位與其競爭對手、合作夥伴之間的產品、技術動態競合關係、投資併購關係）；
- 對於第三方的專利資訊分析侷限於公開資訊。（從專利申請日到公開日為止，最長有 18 個月的時間，亦即第三方目前公開的專利資訊無法完全代表其目前的研發內容，且亦有可能選擇以不公開的營業秘密的方式保護智慧財產）；
- 其他國家的專利資訊公開程度遠不如美國。（多數國家的專利訴訟、轉讓、授權、質押等數據未公開）。

　　因此，權利人在做各種決策時，跨領域的同時參考專利與非專利資訊（詳參表 1-2），透過綜合觀察所有資料中隱藏的情報信號，由科學的方式來支持經營管理者做決策，相較於憑藉經營管理者的臆測，決策錯誤的機會就會降低許多。例如：世博科技顧問（WISPRO）提出，運用跨域資訊的決策模式，整合專利資訊分析、產品資訊分析、產業資訊分析，讓經營團隊快速掌握產業現況及其動態變化，據此規劃自身商業模式、發展方向、研發資源配置、潛在合作對象、潛在客戶、與對應智慧財產佈局與營運策略。

表 1-2：跨域資訊範例

跨域資訊	
專利資訊	非專利資訊
・專利書目資訊 ・專利說明書文本 ・轉讓與程序事件 ・專利申請歷程文書 ・專利訴訟資訊 ・技術標準專利宣告 ・專利藥物連結資訊 ・專利訴訟文書	・公司商業資訊 ・公開財務報表 ・市場報告及預測 ・投資併購資訊 ・商業模式及生態系資訊 ・商品型號與供應鏈關係 ・產業聯盟名單 ・企業徵信資料 ・科學期刊論文 ・通訊／影音技術標準 ・藥物／醫材核准資訊 ・各國政府政策 ・各國相關法規 ・政府科研計畫 ・商標資料庫

資料來源：孚創雲端（InQuartik）

備註 本文中所稱的跨域資訊泛指從專利文獻（Patent Literature）等所獲取的專利資訊（Patent Data）；以及從非專利文獻（Non-Patent Literature）所獲取的非專利資訊（Non-Patent Data）。

　　跨域資訊的運用範圍極為廣泛，而對於產業面臨的創新、創業、轉型、升級以及專利瓶頸等問題，應可發揮相當輔助動能，支持產學研官各界將資源用於最有效益的領域，進而可改善過去科學依憑不足的決策慣性，透過資料的輔助做出關鍵性的決策，減免資金時間無謂的損失。以下從專利生命週期的觀點，說明跨域資訊可能輔助的運用方式[28]。

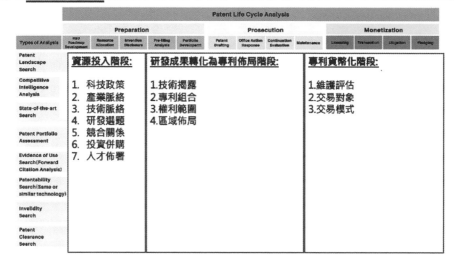

圖 1-1：運用跨域資訊支持專利生命週期不同階段對應的商業決策

資料來源：世博科技顧問（WISPRO）

▌ 2.1 在資源投入階段的運用

科技政策：藉由分析各企業之投資併購資訊以及產學研
組織之專利申請資訊，再輔以各國政府科技政策或科研計畫
資訊，應可描繪全球新興科技的脈絡與趨勢，並輔助產學研
官各界精準配置研發預算，蓄積下一輪產業發展的動能，發
展產業所需的新技術。

產業脈絡：藉由分析投資併購資訊以及專利資訊所對應
之產品與技術，將可勾勒出全球新興產業將改變或創新諸多
產業鏈、價值鏈、研發鏈、投資鏈、併購鏈、供應鏈，並據

此界定產業發展機會以及所需的關鍵資源。尤其是需要關注可能影響到產業鏈板塊之消失或位移的特定技術發展。例如：顯示面板廠發展內嵌式觸控技術（In-cell Touch），將大幅度的侵蝕原先應用於移動裝置之外附式觸控技術的產業板塊，相關企業如不提前因應並啟動轉型，當該技術被終端客戶大量採用時，企業恐面臨困境。

技術脈絡：藉由跨域資訊了解全球產品技術的發展路徑及現有技術方案，並結合組織在不同時間點之商業模式所需的產品及技術，精準規劃將來所需的產品技術組合及取得方式（自主開發或合作開發等），進而有效投放資源並享有較高投資報酬率。

研發選題：利用跨域資訊，將使新創和創新精準選題，有效借鑑先前技術資訊了解現有技術水平及技術方案，而非將研發資源錯誤的配置於競爭者已有的技術方案上；並可精準界定與其他團隊競爭（技術方案相互取代）或合作（技術方案互補）的機會，極大化的運用寶貴的研發資源產生經濟效益。

競合關係：藉由跨域資訊選擇、篩選及辨別產業結構中的上、中、下游潛在競爭對手（技術方案為相互取代類型）或供應鏈合作夥伴（技術方案為互補類型），進而規劃、建立並改善供應商、客戶或策略結盟夥伴之組合。

投資併購：利用跨域資訊亦可歸納出全球技術、產品及專利資產的競合關係，輔助企業進行投資併購或各類合作之

評估，以利企業克服產業進入門檻、取得關鍵資源及團隊來加速技術商品化，據以形塑市場競爭優勢。

人才部署：跨域資訊也可用來找出全球領先技術、前沿產品及專利資產的發明人、設計人及權利人，據以全球用才；具體來說，在找尋合作對象或招募團隊時，可用其過去公開的各類專利申請、文獻發表等資訊，與該團隊過去的學經歷做交叉驗證比對，以確認該團隊成員於前任職單位的技術貢獻程度。

▌ 2.2 在研發成果轉化為專利佈局階段的運用

專利組合管理、佈局：透過跨域資訊，研究全球專利與期刊論文的技術及其脈絡與分布，產學研界可掌握相關技術前案所揭露之內容，進而有較高機會精準佈局優質與優勢專利與權利範圍，降低專利申請不獲證之風險，形成高價值專利組合，進而支持營運高市占率、高毛利率的產品。

▌ 2.3 在專利貨幣化階段的運用

維護評估：利用跨域資訊，以商品化、貨幣化的角度評估既有的專利組合是否繼續投入資源維持或是剝離。

交易對象：利用跨域資訊找到合適的專利買賣、授權、投資的交易對象，並在交易過程中交互驗證對方所揭露的資訊的真實性及完整程度。

交易模式：同時也可以營運專利全球貨幣化業務，獲取權利金、技轉金、價金、股票及其資本利得，或進行有利交互授權，而且還可掌握全球專利風險並擬定對策。從「被告、付錢了事但沒消災」的專利宿命，翻轉到「告人、收錢、消災」的境域。

3. 跨域資料的運用範例

範例一：透過專利資訊觀察產業發展脈絡及找出潛在合作夥伴

專利資訊究竟是領先指標？還是落後指標？實務上，絕大多數的專利提案是基於組織過去研發資源投入的產出成果，因此說專利是研發的落後指標，應是不爭的事實。但是，從技術商品化的角度則可能有不同的結果。

基於世博科技顧問團隊的研究（詳參圖 1-2），圖左側為 IEEE 論文資訊，針對多感測器平台（Multi-sensor platform）技術在汽車的商品化時間點約在 2009 年；比對圖 1-2 右側則統計了多感測器應用的影像感測融合技術（Image sensor fusion）之美國專利的逐年累計比例。此研究顯示，在 2009 年時，累計的美國專利申請數量已達 45%；意即在商品化前，有 45% 的美國專利已經完成送件申請。因此，從此研究可以發現，汽車領域的專利資訊應可作為技術商品化的領先指標。

專利數據分析前提

-專利是研發投入的落後指標，但可作為觀察產品化的領先指標

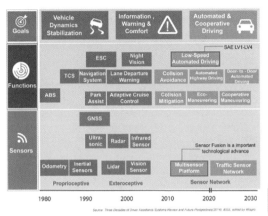

藉由專利資料庫與大數據分析，**可先於產品資訊取得技術發展現況**。

圖 1-2：運用專利資訊可先於產品資訊取得技術發展現況

資料來源：世博科技顧問（WISPRO），參考：Three Decades of Driver Assistance Systems-Review and Future Perspectives(2014), IEEE

　　在上述分析中，世博團隊接續分析專利權人數據來觀察產業發展脈絡。由圖 1-3 可以觀察到，影像感測器融合技術專利在商品化前的專利申請比例是車廠高於中游的 Tier1 公司；但是在 2009 年該技術商品化之後，專利申請的比例則是中游的 Tier1 公司高於下游車廠。此一技術的演進也符合該產業的技術商品化路徑，即技術需求的早期是由車廠提出，但是真正有多感測器融合技術開發能力則是來自於中游的 Tier1 公司。因此，在技術商品化後，主要的專利申請會來自於 Tier1 公司。

專利數據分析目的
-分析ADAS-Image sensor fusion專利數據觀察產業發展脈絡

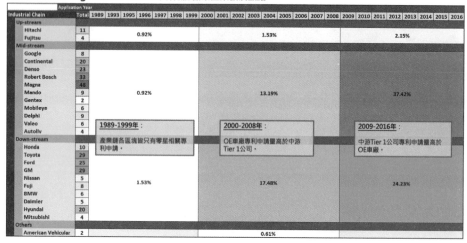

圖 1-3：專利資訊觀察產業發展脈絡範例圖 -1

資料來源：世博科技顧問（WISPRO）

　　在此案例中，世博團隊進一步分析相關專利所涉及的感測器類型以及其申請人，用以找出潛在客戶及合作對象。舉例來說，如果 A 公司持有紅外線與相機傳感器融合（Infrared and camera sensor fusion）技術，要找潛在的客戶，我們可以運用圖 1-4 的資訊，發現 BMW 公司過去也曾申請紅外線與相機傳感器融合（Infrared and camera sensor fusion）技術之專利，相對的，Toyota 公司過去主要是申請雷達與相機感測器融合（Radar and camera sensor fusion）技術之專利，因此 BMW 公司應是較

合適的潛在合作對象。接下來，A 公司可進一步分析自家的技術方案與 BMW 公司專利所涉及方案是替代型或是互補型，以輔助判斷 BMW 公司是潛在客戶、合作夥伴、或競爭者。

專利數據分析目的
-分析ADAS-Image sensor fusion專利數據識別潛在客戶、合作夥伴、競爭者

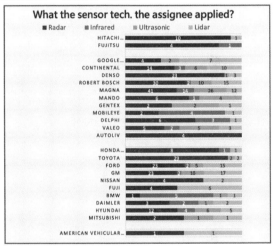

Industrial Chain		Infrared	Radar	Ultrasonic	LiDAR
			What Fused with Camera		
Up-stream					
	Hitachi		10		1
	Fujitsu	1	4		
Mid-stream					
	Google		4	2	7
	Continental	3	14	8	10
	Denso		23	1	3
	Robert Bosch	2	30	10	15
	Magna	14	41	26	12
	Mando	1	6	4	
	Gentex		2	2	1
	Mobileye	4	2		1
	Delphi	3	6		1
	Valeo	2	5	5	3
	Autoliv		4		
Down-stream					
	Honda	1	8		1
	Toyota		29	2	2
	Ford	2	23	5	15
	GM	2	23	10	17
	Nissan		4		2
	Fuji		4		5
	BMW	5	1	1	1
	Daimler	2	3	1	2
	Hyundai	4	12	6	5
	Mitsubishi		2	1	1
Others					
	American Vehicular		1		1

圖 1-4：專利資訊觀察產業發展脈絡範例圖 -2

資料來源：世博科技顧問（WISPRO）

範例二：跨域資訊如何支持企業智財策略規劃與商業模式

從產業生態系與商業模式模擬為起點，企業除了釐清價值主張、潛在客群、核心技術外，應思考將智財與專利貨幣化策略納為獲利模式的一環，而非自外於企業商業模式。

以圖 1-5 的電動載具電池模組製造商為例，除了一般的模組製造與銷售模式外，如擴展到電池租賃模式，其對客戶的價值訴求差異將影響到企業的核心技術與智財策略。

圖 1-5：電動載具電池租賃模式生態系

資料來源：世博科技顧問（WISPRO）

此案例中，為確保用戶在租賃期間可持續使用電池，其核心技術將延伸至電池模組本身的各項產品數據以及用戶的使用數據之感測、傳輸、分析等；其中，分析後的數據更可對不同利益關係人產生價值訴求。例如：電池故障前的預警及提前更換、用戶是否不當使用的行為數據分析、相關數據分析對保險機構或監管單位之價值。

因此，相應技術以及其智財佈局將可支持企業創造競爭優勢，尤其是優質的專利佈局可排除競爭者實施其技術或是進行貨幣化活動來回收投入成本。企業應在商業模式規劃時，即納入智財策略規劃，並思考對生態系上不同利益關係人的價值訴求。當企業商業模式調整時，也需一併檢視其智財策略是否需要調整？讓企業於智財活動的所有資源投入皆能有明確的目標與價值回收手段。

範例三：跨域資訊如何支持研發選題決策

在企業面臨研發選題時，除了從市場資訊、產業產品資訊、技術文獻調查相關技術方案、合作對象、競爭對手外，應可運用結構化的專利數據庫與前述資料進行交叉比對，讓企業於投入研發資源前，用不同角度掌握現有的技術方案與相關技術團隊，以決定是自有研發或找合作對象，以及研發資源投入的方向、時機與程度。亦即不需要再重新發明輪子，而是把寶貴的資源運用在關鍵的缺口上，以達成「贏的經營策略」－即時上市（Time to Market）、即時量產（Time to Volume）、即時變現（Time to Money）[29]。

以圖 1-6 為例，依據 AI 影像應用於自動駕駛展開相應的技術結構，分為資料（Data）、演算法（Algorithm）等；在資料（Data）之技術結構下，與車用 AI 影像辨識相關的資料技術，包含將所需訓練資料標籤化（Label）、車輛行駛

間加以辨識之物件（Object）、車輛行駛間加以辨識之環境
（Environment）、針對行駛間擷取之影像所具屬性（Image
Property）及影像擷取資料本身屬性（如3D資料、或由電腦
生成虛擬資料等）相關之資料屬性（Data Property）。

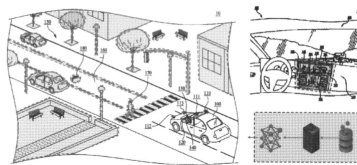

圖 1-6：AI 影像應用於自動駕駛之技術結構

資料來源：世博科技顧問（WISPRO）

　　在定義技術結構後，接續在將專利檢索結果分門別類的
放入前述結構中。後續，當我們看到 2018 年 3 月 23 日新聞
所提到的自動駕駛事故原因或是企業已經選定特定研究方向
時，可運用此結構化專利數據庫找出潛在的技術方案與專利
權人，以作為研發資源投入前的決策輔助（請參考圖 1-7、
圖 1-8）。

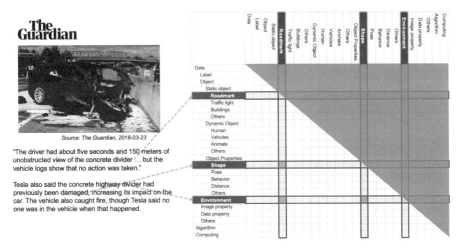

圖 1-7：自動駕駛事故原因以及對應之技術結構

資料來源：世博科技顧問（WISPRO）

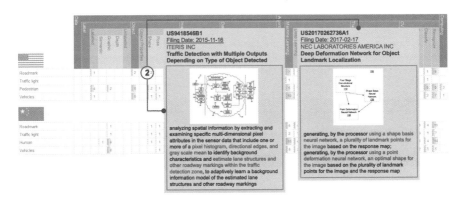

圖 1-8：運用結構化專利數據庫找出潛在技術方案

資料來源：世博科技顧問（WISPRO）

範例四：跨域資訊如何輔助投資評估以及投後管理

在評估是否投資或併購特定企業、事業或團隊時，皆需進行不同程度的盡職調查（Due-Diligence），主要項目包含了財務面（Financial DD）、法律面（Legal DD）、商業面

（Market and Operational DD）、技術面（Technical DD）、團隊面（HR DD）、智財面（IP DD）等面向。然而實務上，投資方總是苦於資訊不對稱，被投資方往往僅提供片段的資訊，如何估算出投資標的真正價值，長久以來持續困擾著投資方。

實則，投資方如積極運用專利的不同欄位資訊應可有效支持前述調查。以圖 1-9 為例，在評估是否投資美國無線電力傳輸的 WiTricity 公司 [30] 時，可分析無線電力傳輸相關技術之主要專利權人及其申請年進行橫向比較，後續並可基於此再深入到特定專利權人之的技術方案進行交叉比對，以確認所欲投資標的是否於技術上有領先地位，可以輔助技術面DD、團隊面 DD 及智財面 DD。

Top 5 Assignees vs MIT&WiTricity	Filing Year													
	Before 2005	2005	2006	2007	2008	2009	2010	2011	2012	2013	2014	2015	2016	2017
Samsung					2	5	23	39	64	64	47	44	73	14
Qualcomm				1	19	25	11	13	32	26	27	35	43	2
Toyota					14	27	19	59	18	8	9	14	12	
Sony	2				6	8	14	27	17	8	5	7	15	1
Panasonic	4					1	10	17	24	23	18	18	16	7
MIT&WiTricity			1		4	39	11	20	21	32	20	25	30	7

Qualcomm filed R-WPT patents from **2007**, while MIT filed patents from **2006**.

圖 1-9：無線電力傳輸美國專利主要專利權人分析（Date：2019）

資料來源：世博科技顧問（WISPRO）

再者，如進一步分析其各國專利之法律狀態（圖 1-10），可以發現麻省理工學院（MIT）團隊在 2010 年申請的 25 件專利中，有高達 23 件已經放棄申請（Abandoned），WiTricity 團隊在 2011 年申請的 70 件專利中，有高達 34 已經放棄申請（Abandoned）；再進一步調閱其專利申請 / 答辯歷程，發現部分專利由於審查委員找到相關前案（Prior Art），而無法獲取其申請權利範圍。顯見其團隊在申請時過於樂觀看待其技術進步性，未投入資源進行前案查找，導致資源浪費以及錯過佈局的時間點。

WiTricity Patent Portfolio	Filing Year											
	2006	2007	2008	2009	2010	2011	2012	2013	2014	2015	2016	2017
MIT	15	14	2	35	25	19	2	5	6	3	4	
Pending	3	2	1	2	1	1			1		4	
Issued	11	11	1	27	1	5	2	5	5	3		
Abandoned				3	23	13						
National phase	1	1		2								
Validated				1								
WiTricity			2	31	22	70	56	50	27	55	37	10
Pending				7	1	4	12	8	9	22	31	10
Issued			2	19	13	28	21	24	7	19	4	
Abandoned				4	7	34	17	15	9	12	2	
National phase				1	1	3	5	3	2	2		
Validated						1	1					

78% of abandoned patent applications are filed between 2010 to 2013.

Need to improve the assessment of patent filing and prosecution activities.

圖 1-10：MIT 與 WiTricity 公司專利法律狀態分析（Date：2019）

資料來源：世博科技顧問（WISPRO）

再進一步觀察其專利家族提案申請行為（圖 1-11），發現有一專利家族有高達 40 件專利申請，但皆僅申請美國專利，且其中的 34 件專利已經放棄申請（Abandoned）。由上

述申請行為可以發現，WiTricity 的專利佈局策略顯有需要大幅優化之處。如在投資 WiTricity 後，投資人應需要重新檢視與釐清其專利佈局目標、策略、方法、手段與經濟效益，勿再錯置資源、重蹈覆轍。

1. The **top 2** patent family invest large resources.
2. WiTricity provide **5 representative patents*** and all the patents are within this two families.
3. For the second family, MIT only file US patent and **34** patent applications are abandoned.

Top 7 Patent Family		Global Deployment												
Family ID	Tech Categoty	AU	CA	CN	EP	ES	HK	IN	JP	KR	TW	US	WO	Total #
37637764	Fundamental Physics	2	1	4	3		1		2	3		25	1	42
46330224	Safety, Efficiency & Control											40		40
39060219	Safety, Efficiency & Control	1	1	4	2		2		5	4			1	20
42060114	Safety, Efficiency & Control	2	1	2	4				3	2		3	1	18
47832816	Safety, Efficiency & Control	1	1	1	3	1			1	1		2	1	12
41315495	Fundamental Physics	1	1		2		2		1	1		1	1	12
48192888	Product Implementation	2	1	1	1		1		1			2	1	10

圖 1-11：MIT 與 WiTricity 公司專利家族分析（Date：2019）

資料來源：世博科技顧問（WISPRO）

範例五：透過跨域資訊分析中國未來車新勢力 [31]

未來車是近年汽車市場最熱的話題，其中可大致分為聯網車（Connected Car）、自駕車（Autonomous Car）、共享汽車（Sharing Car）及電動車（Electric Car）四大技術領域，簡稱 CASE 技術 [32]。

透過參考非專利資訊的 Marklines- 全球汽車產業市場資料庫 [33]，可將中國汽車產業投資關係如圖 1-12，其中包括中國大型傳統車廠（右上區塊）、中國新興車廠（右中區塊）、

大型科技公司（右下區塊）及電池模組供應商（左邊區塊），之間的投資、合資、合作、與製造代工（OEM）的關係。透過圖中，我們可預見傳統車廠及科技公司藉由居中的新興車廠所產生的間接聯繫，故中國以強強聯手發展未來車的策略已可從初見端倪。

　　除了商業上的投資關係以外，世博再從專利分析的角度切入，從圖中挑選了較具規模的蔚來汽車（Nio）、小鵬汽車（XPeng）、理想汽車（Li Auto）及哪吒汽車（Hozon），對四家中國新興車廠進行以下專利資料分析。

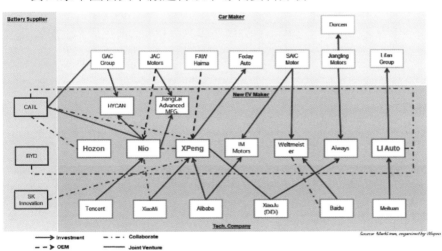

圖 1-12：中國汽車產業投資關係圖

　　透過專利資料的分析（圖 1-13），世博團隊有以下幾點發現：

專利數據分析目的 － 解析中國造車新勢力專利技術、專利區域佈局重點

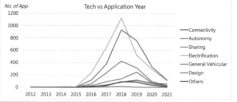

Tech. Analysis	Tech. Structure						
China NEV Maker	Connectivity	Autonomy	Sharing	Electrification	General Vehicular	Design	Others
Nio	0.7%	2.3%	0.2%	23.9%	12.8%	6.5%	0.8%
XPeng	2.1%	4.0%	0.1%	5.9%	8.7%	2.5%	0.8%
Li Auto	0.9%	0.9%	0.1%	4.1%	7.4%	2.8%	1.6%
Hozon Auto	0.6%	0.7%	0.1%	2.7%	4.0%	2.5%	0.1%
Total :	4.3%	7.9%	0.5%	36.7%	32.8%	14.4%	3.4%

Count by application

- The peak of patent applications falls in 2018 to 2019.
- CN patents accounted for 85% (8622/8049) applications.
- In total of 3977[1] CASE patents:
  - Electrification accounted for 75%[2].
  - Autonomy accounted for 15%.
  - Connectivity and Sharing accounted only 10%.

PTO Analysis	Patent Office											
China NEV Maker	CN	WO	EM	TW	EP	US	HK	JP	KR	IN	DE	Total
Nio	2705	440	80	229	208	104	19	11	4	4		3804
XPeng	1844	81			14	5						1944
Li Auto	1414	3	7			9		6			1	1440
Hozon Auto	859	2										861
Total	6822	526	87	229	222	118	19	17	4	4	1	8049

Count by application.
[1] Calculated by total application and % in CASE: 8049 * (4.3% + 7.9% + 0.5% + 36.7%)
[2] Calculated by total application and % in Electrification: 8049 * 36.7% / 3977

圖 1-13：對四家中國新興車廠的專利資料分析

（1）四家中國新興車廠在 CASE 技術的專利申請高峰在 2018 至 2019 年，而其中有約八成的專利目前尚處於申請／審查階段，此處亦反應出短時間內大量資源的投入。如此集中且大量的資源投入，不僅代表電動車在 CASE 之中的發展潛力備受期待，也直接反應新興車廠全力發展電動車的決心。

（2）在四家新興車廠的眾多專利申請中，中國專利申請比例最高；並且除了蔚來汽車以外，其它新興車廠在中國以外的區域幾乎沒有專利申請。而即便蔚來汽車有申請台灣、歐美等專利，整體而言國際專利申請不到 20%。

（3）在 CASE 未來車技術領域之中，電動車占比最高，而共享汽車最少，可見新興車廠皆明顯傾向電動車。並且，每家車廠都有在汽車通用技術投入相當申請資源，作為支持電動車上路的必要基礎。

（4）通過專利合作條約（PCT）向世界智慧財產權組織（WIPO）申請的國際專利申請案（WO），轉申請多國佈局的轉化率並不高，故新興車廠皆將專利佈局的重心放在自身所在地，即世界汽車產量最高的中國。

4. 結論：跨域資訊的分析與運用[34]

隨著美歐政府開放專利資料以及近年國際新進專利巨量資料業者的開發，包含：專利資料標準化、專利資料可檢索度、專利資料專有知識、專利資料衍生運用、專利資料與非專利資料的跨域整合、智慧檢索的互動性、可闡述並體驗的儀表板介面與巨量資料技術、人工智慧的運用發展等等。上述資源將快速改變跨域資料的評量與運用。

▎從「不能評量」到「精準評量」：

專利資料的所有欄位項目不僅可單項精準評量，而且還可進行技術資產生命週期、發明者分析、專利律師或代理人分析、審查委員分析、准駁的歷史演進、競爭者及其專利比

較、權利人跨國專利比較等等。例如精準評量自駕車或無人機權利人及其發明人、專利律師和審查委員就其技術於各國專利申請的各項作業以及與其競爭者及其專利的比較分析。

▍從「形式數量」到「品質價值」：

專利資料的所有欄位項目可評量其實質上的專利品質與價值，尤其各國專利律師或代理人就每件專利於各環節作業的品質、發明人的專利技術價值及其專利申請因新穎性或進步性問題的核駁、審查委員准駁的法律依據及前案證據甚至審查品質、權利人於各國專利佈局及專利資產營運的涉入度。例如就基因定序的專利律師或代理人就專利適格性或說明書能否支持請求項的處理品質以及實施例或請求項的撰寫品質，或就醫療光學感測器的發明人專利技術於同一領域技術與各國專利及其發明人的技術含量與技術創新度的比較分析。

▍從「有限運用」到「無限運用」：

專利資料可從專利查新、申請、維持、買賣、訴訟、授權、質押等固有疆域的有限運用發展到各領域的決策與執行運用，例如科技政策、產業政策、創新創業、技術路徑、產品規劃、技術競爭、市場競爭、投資併購、人力資源，以及對自己和競爭者的研發創新、專利資產營運的財務績效評

量，譬如就深度學習、機器學習、機器人或金融科技的研發成果無形技術資產轉化率、專利資產的商品化率及貨幣化率。

▌ 從「個案運用」到「整合運用」：

專利資料可從專利個案的運用發展到跨領域的包含科學文獻、投資併購、技術標準、醫藥商品等非專利資料的整合運用，此將由資料整合後的相互連結、相互滲透、交叉驗證而使專利資料獲得其他領域資料的評量或修正。例如 5G 技術於 ETSI 的技術提案與 5G 標準必要專利（SEP）資料的整合及其運用、奈米技術於空汙防制或製程清洗的運用。

跨域資料因精準評量及衍生運用的發展，將使研發創新及其專利營運以及投資併購各環節獲得即時資料支持，還可精準評量發明人、權利人、專利律師或代理人和審查委員作業以及每件專利的品質與價值，進而提高研發創新及投資併購的成功率、專利商品化與貨幣化的財務績效，同時大幅降低專利數量及其費用。

第 2 章

專利的品質、價值、與價格 [35]

當一家公司的技術體現於其所擁有的專利時，不免引發討論：除了以專利申請的數量作為研發成果的評量指標外，是否有其他更實質的評價標準？近年來，產官學研各界已逐漸意識到，針對專利的評價，不應單純以「數量」作為唯一指標，更應檢視這些專利的實質內涵，以考量更具意義且可靠的衡量標準。即使這樣的思考已逐漸成為共識，但在許多場景中，仍會發現人們單純以「專利數量」來評價一間公司的研發實力。

為徹底探究「數量優先」這個迷思，我們需要重新回顧傳統的專利評價概念，以及其背後的脈絡。

1. 專利評量系統的建立

專利制度的目的，是透過授予專利權，讓將其智慧結晶公開於眾的發明人能得到一定期間的權益保護，進而促進經濟和技術發展，讓人類生活更便利，更幸福。

然而，專利權的形成，除了發明人以外，尚仰賴其他角色的努力，例如：專利代理人依據發明人技術提案內容，同時參考先前技術後撰寫說明書及請求項；申請過程中，審查委員以其專業判斷，檢視發明的可專利性來做准駁判斷。若一項發明涉及多國專利申請，則各國專利局在審查中所檢索到的前案、技術用語的翻譯準確度，以及該國審查過程的嚴謹與否，都會對專利的權利範圍與品質造成影響。

此外，一家公司對技術耕耘的深度與技術商品化之程度

反映研發成果的商業價值，也會成為專利評量的基準。專利的評量，有時候也會需要就特定產品、產業、技術相關的佈局組合綜合判斷，而非僅就單件的專利申請得知。

從上述可知，專利權的形成涉及許多角色的貢獻外，亦與許多客觀事實密不可分。這些都是在探討專利評量系統時所不可忽視的因素。

▌ 1.1「數量優先」的迷思

時至今日，許多企業仍會直覺地以專利數量為評量專利的唯一指標。藉由一些範例的觀察，我們可以了解為何無法僅憑數量就正面地評量專利對產業的貢獻。

技術和全球經濟在過去幾十年中蓬勃發展，專利申請數量也在迅速增長。觀察世界智慧財產組織的統計資料（圖2-1），就能窺見這一趨勢。

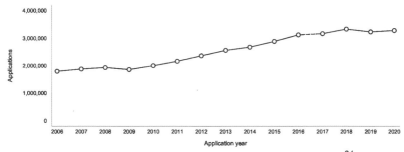

Patent applications filed worldwide grew by 1.6% in 2020
1.1. Patent applications worldwide, 2006–2020

圖 2-1：2020 年，全球專利申請的數量達到 330 萬[36]

資料來源：WIPO（World Intellectual Property Organization）

毫無疑問，如此豐富的知識披露給我們的日常生活帶來了大量好處。但是，一樣從世界智慧財產組織的資料來看，就能了解更多的專利申請不完全等於更多的創新，因為有許多專利申請並未通過專利局的審查，進而獲證專利（圖2-2）。

Patents granted worldwide grew by 6% in 2020
1.7. Patent grants worldwide, 2006–2020

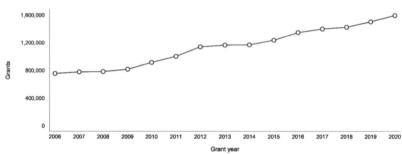

圖 2-2：2020 年，全球獲證的專利達到 160 萬件 [37]
資料來源：WIPO（World Intellectual Property Organization）

　　當我們對專利獲證量和專利申請量進行比較時，會發現二者之間存在相當大的差距，一個主要原因是許多專利申請案可能存在無法滿足專利的適格性、新穎性、進步性、明確性等要件 [38] 而無法通過審查委員的檢驗，導致不能被獲證。此外，由於各國專利局皆有多位專利審查員，各個審查員對技術的知識含量、對審查基準的嚴謹程度各有不同。就算專利獲證後，也無法完全證明其創新程度都在同樣的水準以上，或是證明完全沒有影響專利有效性的技術前案存在。最

終，獲證後的專利是否具有商業價值，還是僅有一張證書證明其存在，或者是否有商品化的潛力，都是從專利的申請量、獲證量等指標無法看出的。

由於以數量為基礎進行的專利評估，是建立於「專利皆生而平等」的假設，然而，由於未充分理解並評估專利資料，導致出現了「專利數量即等於專利價值」的謬論，使專利從業人員或決策者難以一窺技術內涵，進而得出可行動的見解。

但是，要將人們慣用的專利評量方法從數量優先轉為以其他的指標優先，仍然面臨著多重挑戰。

▌1.2 以往的專利評量方法及其面臨的挑戰

為提高專利評量的速度和效率，過去其實有開發出相關的電腦演算法來模仿專利從業人員的專利評量方法，如 CHI Research 公司[39]在 90 年代使用的專利評量方法。PatSnap 公司[40]利用引用、被引用、專利家族規模、申請國別數量等 25 個參數來評量專利的價值與價格。Wisdomain 公司[41]亦發展了自己的專利評量系統，利用整體市場價值來推估專利的價值。

由於這些專利評量方法和指標利用的是作為秘密「配方」的假設、基礎和關鍵參數，經常將多個不同的元素組合成一個單一指標，導致該指標的定義模糊不清，讓人不清楚

究竟是評量了什麼，通常很難克服多項重大挑戰。

再者，通常這些評量方法在名義上都是評量專利的「價值」或「專利競爭力」等指標。但專利的價值需建立在專利為有效且可執行的基礎上。若專利可以輕易地被無效，或是權利範圍過窄，幾乎沒有可執行性，也很難說它具有一定的價值。

姑且不論這樣的指標能否反映出真正的專利價值，單就某專利為何有價值而言，這樣的指標往往不能給出任何理由。為確定專利價值，要求專利從業者用於評量專利的各項不同元素或「配方」必須透明。但是，不出所料，大多數專利從業者都不願意透露自己的營業秘密。即使公布了「配方」，要證明將多個考量因素組合成一個指標，要證明該等因素之間有邏輯嚴謹的相關性仍是個難題。

這種解釋上的不一致使得不同背景、不同經驗的專利專業人士之間發生爭議，最終也可能導致使用者誤入歧途。

此外，與組合指標法相反，一些供應商或研究人員採用的方法是設置簡單的參數，如向前引用的次數或待評量的同族專利的數量。然而，這類簡單參數法反而更難判斷每個參數的相關性及其貢獻的權重，用戶自己得將各項參數聚合起來，從而迫使用戶返回線下，按具體個案進行專利評量。

1.3 專利的評量方法論

為打破上述迷思，周延鵬律師在智慧財產業界三十七年間，持續致力於專利評量方法論的探討與定義，並發展出一套客觀的「專利品質、價值與價格」的評量機制。

【周延鵬律師的專利評量方法論發展歷程】

- 1987 年至 2003 年，於鴻海公司擔任法務長，累積 18 年專業實務經驗並於退休時旋即發表〈智慧資本投資保障的完整性：台灣專利無用論〉[42]；

- 2004 年在上海大學發表〈中國知識產權戰略初探：一件中國專利將等於或大於一件美國專利的經濟價值〉[43]；

- 2004 年至 2008 年間在政治大學智慧財產研究所任教，與在工業技術研究院擔任顧問期間，持續從事專利品質、價值、價格與定價的理論建構與學研驗證，並於 2008 年在劉江彬教授榮退論文集發表〈專利的品質、價值與價格初探〉[44]；

- 於 2009 年至 2014 年間，發展出「專利品質、價值與價格」的營運機制，實現其作業標準[45]；

- 2014 年創立孚創雲端（InQuartik），運用機器學習技術實現自動化的專利品質、價值評量指標。

---

1. 專利的品質

專利品質，在於專利文件的文字、結構、邏輯是否能反應技術並符合各國的專利法令規定及其行政、司法、專業和市場實務的基本要件。例如：《美國專利法》所規定的可專利性要求，尤其是第 101 條（實用性和適格性）、第 102 條（新穎性）、第 103 條（非顯而易見性或進步性）和第 112 條（充分描述或明確性）。

> 如果要求申請專利的發明具有適格性、新穎性、非顯而易見性，並且描述清楚，難以被主張專利無效或不可執行，則可認為該發明具有基本的品質。

因此，具備專利品質的內容文字一定是字斟句酌的，需非常精確且富含邏輯。撰寫者必須熟悉該技術領域內的專業文字，並且了解各種技術用語的解讀方式與嚴謹定義，盡可能將權利範圍最大化，使其他發明人難以進行迴避設計。簡言之，專利品質為專利價值、價格的重要基礎。

2. 專利的價值

專利價值，是指將專利所涉及技術方案商品化活動以及透過專利買賣、轉讓、授權、訴訟、質押等貨幣化活動所產生的獲利預期，上述兩類活動即為專利在市場上的商業價

值，而商業價值可以透過多個面向來體現。

以產業別來說，若該專利能夠應用在醫藥、科技相關領域，則可能就具有較高的價值；若專利被宣告並確認為標準必要專利，則可向實施對象收取權利金，則該專利的價值也將水漲船高。如果一件專利被實際應用於商品上，則其專利價值自然更容易被看見；若在未經授權的情況下，專利權所保護的技術被他人使用，則該專利權人可向法院提出專利侵權訴訟。這種依法享有的侵害除去、侵害防止、損害賠償之請求權利，為專利訴訟、買賣、授權、質押提供了執行的誘因，而從這些專利交易中獲得的預期利益，則被廣泛認為是專利作為資產所具有的商業價值或貨幣化價值。

> 對專利價值的評量，無論其是藉由執行、交易或其他商業活動實現，一般都會考量發明的商業可行性、市場條件及產業定位，而這些都遠遠超出了專利法的規範。

對於專利組合經理（Portfolio Manager）來說，專利價值不一定是一個具體的金額：在這個階段，對他們而言，了解專利潛在的投資報酬率更為重要，特別是在決定要繼續維持專利、啟動專利貨幣化還是放棄維持專利時。

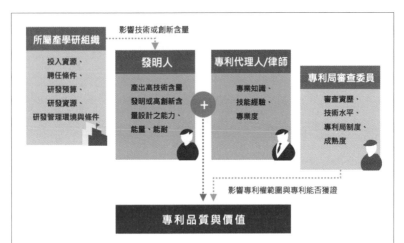

圖 2-3：決定專利品質與價值的兩主角、兩配角

資料來源：賽恩倍吉（ScienBiziP）

　　周延鵬律師認為，專利品質與價值主要是由發明人與專利律師（含專利代理人、專利師）這「兩個主角」，以及所屬產學研組織與專利局審查委員這「兩個配角」所決定。

　　專利品質的好壞取決於專利律師的專業知識、技能及經驗具備與否及其專業度。專利價值的好壞會取決於發明人的能力、能量及能耐，亦即發明人所發明的標的需具有高技術含量或所設計的標的需有高創新含量。

　　此外，還需再評量給予發明人發明環境與條件的所屬產學研組織，以及對其所提出專利申請進行審查的專利局審查委員兩個配角。前者決定了發明人能否如願以償的工作與發明，尤其認聘條件、研發預算、研發資源及研發管理的環境與條件；後者決定了能否獲准專利及其權利範圍，尤其審查委員的技術水平及其專利審查及成熟度。[46]

3 專利的價格

專利的價格為商業活動發生後的具體貨幣金額，其取決於產業領域、交易雙方所談之商業條件。但由於財務和會計上的考量，仍需賦予無形資產相應的市場價格。為滿足公認會計原則[47]（GAAP）和國際財務報導準則[48]（IFRS），因此專利估價模型應運而生。後來，這類模型也被用於專利資產管理和交易的決策。

然而，上述資產管理和交易所採用的傳統評量方法通常需要依賴利害關係人（即發明人、申請人、代理人和審查員）根據他們的知識、經驗及其面臨的具體情況做出的判斷。

由於進行這上述的評量方法所需的時間會產生大量成本，只能視具體個案使用，在特定的決策點上對特定的專利進行評量。

> 專利價格一般是根據雙方對系爭專利價值的認知，透過談判或訴訟方式確定的。

一旦有商業活動，雙方都需要確定出一個具體的貨幣價值數額，此時便是訴諸專利價格之時。評量專利價格的方法很多。這些方法的問題點簡述如下：

a）收益法

收益法透過「預估」專利可能產生的未來收益來估算公允價格。但在評量專利時，不同的假設會造成預估差異相當巨大，因此該法與實際結果往往有相當落差。

b）市場價值法

市場價值法係根據相似之交易過的專利市價來評量。但每項專利嚴格來說，都是獨一無二的，也不一定找得到相似已貨幣化的相似專利來比較，經常很難具體評量。

c）成本法

該法是根據創造或重置相似專利所需的成本來估算專利的價格。然而，由於專利的成本和價值之間往往存在巨大差距，使得估算專利的重置成本非常困難。

傳統的專利評估方式是藉由人工依據知識、經驗及當下的主觀逐案評量。每次評量曠日費時，且結果只能適用於限定個案，效率極低且精確度也有待商確，因為若在估價的基礎上省略了對於專利品質、價值的考量，採用了欠缺資料支持的假設進行財務試算，可能導致與實際商業結果與財務試算嚴重不符。

關於巨量資料如何協助評量專利資產的價格，將會在第5章詳加描述。

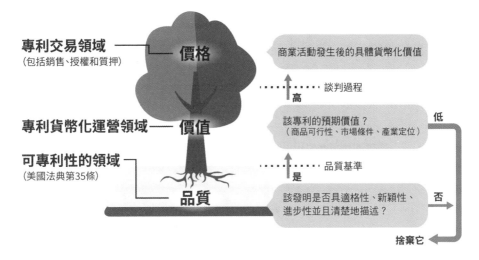

圖 2-4：專利品質、價值和價格之間的關係
資料來源：孚創雲端（InQuartik）

　　最後，專利品質應有等級劃分並可具體反映在其價值和價格上，但專利品質、價值和價格的評量方式及其考量因素應各有所本，不應混淆其邏輯層次，也不應統合論之。質言之，專利品質、價值和價格具有獨立的判斷基礎，但彼此之間又高度依賴，其相互關係具體體現於「專利品質是專利價值的前提，而專利品質和價值又左右著專利交易價格之基礎」[49]。

舉例而言：

- 一件低品質的專利即代表其難以滿足前述專利法所規定之可專利性的要求，即使僥倖取得專利獲證，也可能不具可執行性或是有效性，自然則不具有高價值，亦不會有高價格。

- 一件高品質的專利又不一定等於具備高價值，因為在該專利所涉及的發明可能已經過時，或者該技術難被應用於商品時，該技術則沒有其商業價值，價值自然也不高。

2. 以機器學習技術實現的專利品質和價值評量方法

試想，假設企業在某一個時機點上出現了經營決策者認為很理想的投資併購標的公司，但標的公司的智慧財產中有上千或上萬件數量的專利，而時機就只有短短的幾週或是幾天就必須決定，若要以傳統的評量方法，需要在同一時間內找齊多少產業專家才能完成評量？

所幸，隨著巨量資料的開放和機器學習技術的進步，現在已經有條件能夠對前述影響專利的品質、價值的相關特徵變數建立演算法模型，用於預測專利未來涉及某特定事件趨勢的概率。只要巨量資料為機器學習提供足夠的資料，並萃取出有用的專利資料，資料建模技術就可以據此進行分析。

為了實現上述，孚創雲端（InQuartik）公司由一群數學家、統計學家、資料科學家與專利專家所組成的團隊，基於多年的專業實務經驗與理論基礎，透過機器學習技術來分析巨量專利資料，並將機器學習技術實現的「專利品質和價值指標」實現於 Patentcloud 平台上。

專利品質指標
側重於指出發現某件專利潛在可用前案的相對可能性，而這可能會威脅到專利的有效性。

專利價值指標
則側重於反映專利公布後被實踐或貨幣化的相對趨勢。

　　透過專利品質、專利價值這兩個獨立的指標，可以輔助專利從業人員在專利生命週期中的不同階段的任務做決策，例如在專利授權、專利組合管理、專利分析以及針對企業併購和投資目的之專利盡職調查等任務中，透過提供更多有意義且有用的專利情報。

　　Patentcloud 的專利品質和價值指標並不是要取代針對單一專利的實質評量，而是在處理大量專利資料希望據以獲得決策方向時，一種有效的篩選器或幫助衡量分析的指標。

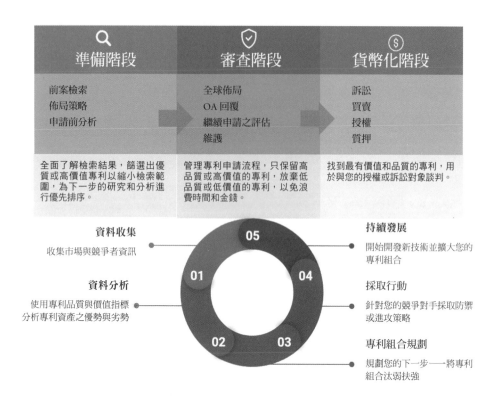

圖 2-5：將 Patentcloud 的專利品質價值指標應用在專利生命週期管理以及專利組合管理

資料來源：孚創雲端（InQuartik）

2.1 機器學習技術如何提供創新的專利評量方法

接下來，以 Patentcloud 平台為例，進一步說明機器學習技術在專利評量的應用。主要為透過 1. 資料收集、2. 資料清理、3. 特徵工程、4. 模型建構、5. 模型驗證等五大步驟實現。（圖 2-6）

1	2	3	4	5
資料收集	資料清理	特徵工程	模型建構	模型驗證
從多方獲取資料，例如 USPTO PAIR、PTAB、Official Gazette、轉讓資料庫	資料收集後，採取多步驟流程以驗證資料的準確性和品質	基於指標的目標建構 250 項特徵 —— 從而實現最佳的模型	機器學習將透過這些專門建構的功能開發和訓練數值模型	以另一組數據驗證模型的可預測性並進一步優化至完美

圖 2-6：孚創雲端使用的機器學習模型

資料來源：孚創雲端（InQuartik）

1. 資料收集

　　Patentcloud 的專利品質和價值指標背後的機器學習過程始於從整個專利生命週期當中所獲取一件專利不同面向的資料。這些資料將被運用於機器學習資料的關聯性，並產生預測指標。主要可以區分為兩大關鍵類別，a）學習目標資料，b）學習素材資料。

　　a）學習目標資料：

　　由於專利的品質為「專利受到挑戰的風險性」，專利的價值為「專利貨幣化的潛力」，因此，專利的品質、價值的學習目標就是專利生命週期後端各種貨幣化活動的實務資料，這些資料說明哪些專利有高價值、哪些專利有品質上的問題，例如：

- 專利侵權訴訟；
- 多方複審程序（IPR）和其他複審紀錄；
- 美國食品藥品監督管理局（FDA）橘皮書。

備註 美國食品藥品監督管理局（FDA）橘皮書記錄了經批准的藥品及其專利資訊，而登記在橘皮書中的專利則被認為具有確定的高商業價值。

b）學習素材資料：

確定學習目標與資料後，還需要有學習的素材資料才能向目標學習。素材資料來自於前段專利審查階段的各項活動，例如：

- 專利書目資料、請求項的結構；
- 專利審查歷程資料、專利引用資料；
- 專利前案資料、專利轉讓資料；
- 發明人、申請人、代理人、審查委員的主體資料。

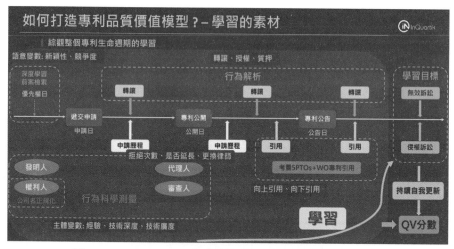

圖 2-7：Patentcloud 的專利品質和價值指標的資料來源
資料來源：孚創雲端（InQuartik）

2. 資料清理

續參閱圖 2-8，在資料收集之後，經過多個過程被實施以驗證資料的準確性和品質。此外，資料科學家會再執行若干資料處理演算法，以檢查和訂正各種來源的資料，或不同來源但內容相同資料。

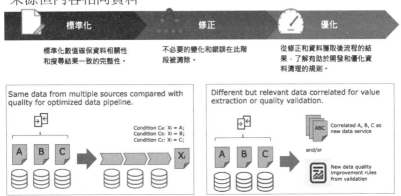

圖 2-8：資料清理流程
資料來源：孚創雲端（InQuartik）

3. 特徵工程

由於演算模型的邏輯就是運用專利的特徵，想辦法學習什麼是高價值專利。因此在進行嚴格的資料清理後，孚創雲端的資料科學家與專利專家合作，定義出一組超過 250 個的特徵。所謂特徵，係指一個在被觀察的事件中可以被個別測量的屬性或特質。每個特徵由多種資料組成，代表 Patentcloud 機器學習演算法的一個特定輸入值。

特徵工程的實例如，運用深度學習（Deep Learning）技術對專利的文字資料做降維，再搭配平行計算技術則讓機器可在 2 秒內「讀」完一篇專利的摘要和權利項。藉此，讓機器可以快速判斷標的專利對應於優先權日以前的其他專利的：

- 新穎性程度（技術是否原創與獨特）
- 競爭程度（是否有基於既有技術上的調整）

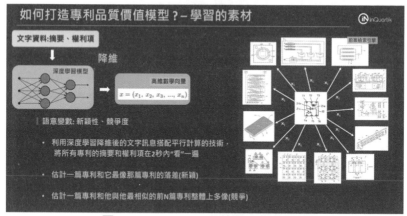

圖 2-9：Patentcloud 特徵工程的範例

資料來源：孚創雲端（InQuartik）

4. 模型建構

經過反覆訓練，機器學習模型最終能夠透過每件專利公開可得的資料用以預測專利的品質和價值。另外，孚創雲端也將指標設計為區間值而非絕對的分數，作為一件專利在品質或價值的相對高低程度，如圖 2-10 所示。

最終，模型評量每項專利與上述高品質或高價值模型的相似性，並由此產生的相對排名。

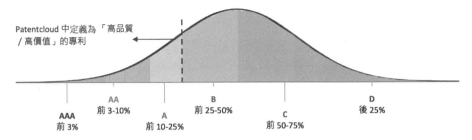

圖 2-10：Patentcloud 專利品質和價值指標的相對排名結構

資料來源：孚創雲端（InQuartik）

5. 模型驗證

在初始模型構建階段之後，孚創雲端的資料科學家繼續與專利專業人士合作以驗證結果並優化模型。為了持續追蹤模型與所預測的事件相關性，團隊建立了兩個監控系統

其一為運用申請人提出專利申請，但卻在審查期間放棄之美國專利申請案件資料進行品質模型的驗證與監控；其二為運用涉及專利侵權訴訟的資料進行價值模型的驗證與監控。

a）品質模型驗證：運用所有在專利審查期間被放棄的美國專利資料

運用申請人向美國專利商標局（USPTO）所提出的專利申請，且專利內容已經公開，但遲遲無法通過專利審查，最終被放棄的專利申請資料進行模型分類結果的驗證。

如表 2-1 所示，在不將專利放棄的資料反饋到模型的情況下，該模型已將上述資料集中的 83% 專利評為專利品質排

名低於 C，這驗證了該模型能夠有效預測專利潛在會被放棄或有前案影響專利有效性等事件。實際上，在 Patentcloud 系統上看到的評分數字會更高，因為實際上放棄申請事件的訊息會被反饋到系統中。

表 2-1：使用在審查期間被放棄的美國專利驗證品質模型

美國侵權訴訟專利									
	數量	D%	C%	B%	A%	AA%	AAA%	>A%	p-value
所有訴訟	16201	2.38	5.39	15.86	22.67	25.22	28.47	76.36	<.001

資料來源：孚創雲端（InQuartik）

註 1：資料收集自美國專利商標局 1976-01-05 至 2021-01-25（含）
註 2：實際在品質指標中，因為演算法已知這些專利已被放棄，因此會是 100% 低於 C

b）價值模型驗證：運用涉及侵權案件的 16,201 件美國專利資料

如表 2-2 所示，在不將專利侵權訴訟的資料反饋到模型的情況下，該模型已經將 76% 的涉訟專利評為專利價值為 A 以上，驗證了模型具備預測潛在貨幣化活動的能力。實際上在 Patentcloud 系統上看到的評分數字會更高，因為實際上侵權訴訟事件的訊息會被反饋到系統中。

表 2-2：使用涉及侵權案件的美國專利驗證價值模型

美國放棄申請專利 (回答審查意見失敗)								
數量	<C%	D%	C%	B%	A%	AA%	AAA%	p-value
1625248	83.14	60.50	22.64	11.66	3.86	1.07	0.27	<.001

資料來源：孚創雲端（InQuartik）

註 1：侵權案件資料收集自 RPX 2017-7-11 至 2019-09-24（含）
註 2：實際在價值指標中，因為演算法已知這些專利已涉及侵權訴訟，因此會是 100% 高於 A

① 運用列入 FDA 橘皮書的專利資料比較測試

除了上述涉入侵權案件和被放棄的專利資料以外，還可以選取了其他常見與專利商業化相關的資料進行進一步比較測試。例如：以 FDA 於 2019 年 7 月 18 日的橘皮書[50]版本中的專利來檢查專利的價值分布。如果與已批准的藥物相關的專利被列入橘皮書，它的平均價值排名應該會比平均值更高。通過將專利列表導入 Patentcloud 的 Due Diligence，我們可以檢視下方的品質、價值儀表板（圖 2-11）。

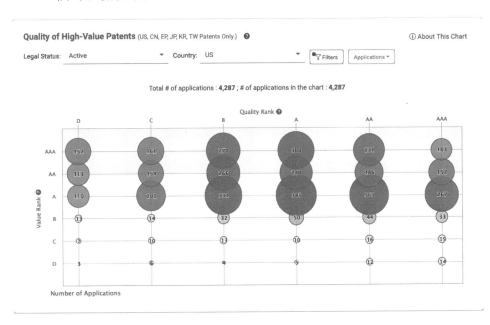

圖 2-11：FDA 橘皮書所列美國專利的價值排名
資料來源：Patentcloud- Due Diligence

從上圖中，我們可以看到 FDA 橘皮書中的大部分專利，準確地說是 92.9% 都在 A 級以上。這驗證了 Patentcloud 價值指標的適用性。

② 對標普 500 公司的虛擬標示進行比較測試

根據美國專利法第 287 條（a）項 - 對於專利標示之規定：「專利權人，以及在美國境內為其製造、提供銷售或銷售任何專利物品的人，或將任何專利物品進口到美國的人，需向公眾發出通知，說明該物品為專利物品」「如果沒有這樣的標記，專利權人在任何侵權訴訟中都不能獲得損害賠償，除非證明侵權人已被通知侵權並在此後繼續侵權」。

然而，美國在 2011 年通過《美國發明法案（AIA）》，修改了原本對美國專利法 287 條（a）項求專利物品必須有實物標記之規範，專利權人可以選擇使用「虛擬標示（Virtual Marking）」，即在物品或其包裝上貼上「patent」一詞或縮寫「pat.」，並附上有公布專利物品與專利號的相關連結之網站，作為代替物理標記的一種方法，藉此節省製造商和消費者的成本[51]。

孚創雲端的資料科學家還使用專利品質和價值指標來對標普 500 公司具有虛擬標示的專利組合進行比較測試，發現這些公司所擁有的專利組合當中，平均有 80.04% 的專利價值高於 A，這可能反映了公司的內在價值和競爭實力。

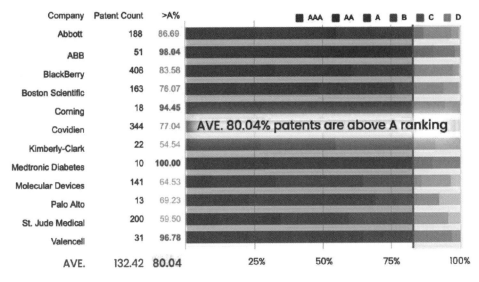

圖 2-12：對標普 500 公司的虛擬專利標示進行比較測試
資料來源：孚創雲端（InQuartik）

c）自我進化模型

　　模型所使用的變數涵蓋了專利生命週期的所有階段，即從專利申請到獲證後的各項活動。實際上，這種將新事件不斷地投入到原本的專利中進行評估的方法，對各種專利分析和決策都具有非常重要的作用。由於還需要評量專利獲證後活動（如轉讓）的一些相關資料，因此，專利價值的指標可能會隨著交易活動的出現而發生動態變化。若一件專利的貨幣化活動不斷增多，意味著該專利的價值也將逐漸提高。

專利品質與價值指標作為一個在本質上便具有動態變化屬性的系統,是根據專利公開(或公布)之時以及公開後(或公布後)活動的所有可用資料來確定的。

例如,一件專利在多方複審(Inter Partes Review, IPR)程序申請中被提出,或者是在專利侵權訴訟中被使用,則該專利的價值分數將會增加,並可能得到更高的價值指標。如果一件專利已註冊在新發行的橘皮書中,則該專利的價值指標可能會提高。

如果專利已在多方複審程序申請中被提出,模型將根據申請的最終判決情況調整其品質分數。無論專利是被受理、部分受理,還是被駁回,都會導致專利品質指標發生一些變化。

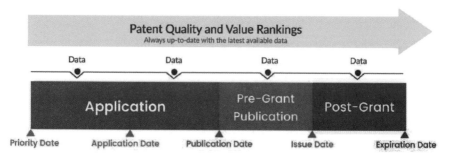

圖 2-13:專利品質與價值指標使用的資料範圍
資料來源:孚創雲端(InQuartik)

最後,在確認這些指標具有相當的適用性之後,孚創雲端將之運用於 Patentcloud 的各種解決方案中。

US9460624B2 Active

Quality : B   Value : A   Risk   Rel...

Method and apparatus for determining lane identification in a roadw

Full Text   Simple Family   Extended Family   Citations

∧ **Abstract** (Other language versions are not available.)

A method and apparatus for determining a lane identity of a vehicle travelling in where the roadway contains a plurality of lanes is determined based on inform sensors associated with the vehicle and map data for detecting the lane marke side and right side of the vehicle, any lane crossings during travel of the vehicle

圖 2-14：Patentcloud 的專利品質和價值指標
資料來源：孚創雲端（InQuartik）

d）侷限性

Patentcloud 的專利品質和價值指標旨在預測未來專利涉及特定事件的可能性，而指標亦有其侷限性。

首先，專利指標應僅在正確的環境中使用，因為在不同的場景中，其定義可能不與術語「專利品質」和「專利價值」的各種「字面含義」一致。例如，專利價值指標與專利貨幣化的潛力有關，但現行模型法尚無法考慮行使該專利的產品市場規模或成本效益。

此外，專利的價值指標領先並不一定意味著該專利一定會被訴訟或交易，但是在確認大型的專利組合之際卻可以很快速的有一個參考指標。

3. 利用專利品質和價值指標進行分析

範例一：穿戴式醫療設備專利分析概述

專利分析用於確定某個指定技術領域的佈局情形。

當我們在檢視一份專利清單時，其中可能有許多專利從未被實施（例如：商品化）或是被交換過（例如：貨幣化）。甚至，可能部分專利實際上沒有被持續維持下去而失效。申請人或專利權人擁有的這類「低價值」專利越多，其技術實力就越有可能被誤判。

因此，專利分析時，若能使用專利品質和價值指標進行分析即可大大改善此一問題。從專利資料中先篩選出指標在 A 級以上的專利是解決漏判問題，使分析人員關注優質專利組合的方法之一。

孚創雲端（InQuartik）與世博科技顧問（WISPRO）曾針對「穿戴式醫療設備在監測生物資料方面的應用」進行一項專利分析，以下即以此一觀點，嘗試整理出穿戴式醫療設備值得深入研究的各件專利。

在這份報告中，世博的專家團隊收集了生產製造穿戴式醫療設備的 40 家公司的專利，以及提交給美國食品藥品監督管理局審批的 95 種設備。該報告最終收集到了 514 份專利申請。

根據 Patentcloud 的資料及分析工具，我們可得到以下的專利品質、價值分析：

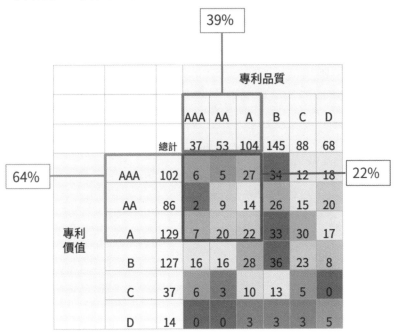

圖 2-15：識別穿戴式醫療設備領域中的高品質和高價值專利
資料來源：世博科技顧問（WISPRO）

從圖 2-15 中可以看出，大約有 22% 的專利兼具高品質和高價值。藉此專利矩陣分析方式，不僅保持了專利情報基

於數量的簡單性，同時還可運用品質與價值指標作有效的篩選，將有意義的信號從雜訊中分揀出來，尤其是作為在面對龐大數量的專利組合時的參考依據。

範例二：先進晶片製造競賽──競爭情報分析

專利品質和價值指標也可用於執行競爭情報分析。對公司內部的專利組合管理人來說，專利品質和價值指標提供一個認識與強化其專利組合的一個參考依據。

回顧世博的〈以專利數據一窺 Intel 與 TSMC 先進製程發展脈絡[52]〉文章，我們可以從專利品質和價值的角度，評量全球主要晶圓代工廠的專利組合。

在這份報告中，世博專家團隊按根據以下標準收集了相關專利：

- 地區：美國和中國
- 法律狀態：已公開或已獲證
- 檢索時間：2019 年 9 月 1 日
- 專利權人：台積電、英特爾、三星半導體、格芯

確定晶片製造專利領域的主要技術後，專家團隊進一步根據不同的指標對專利進行了分類。本案例中，近 2 萬件專利按照其技術結構和所申請的專利局的不同進行了分類；透過使用類似樞紐分析表的二階 Patent Matrix Dashboard（專

利矩陣儀表板），我們可以同時使用上述兩個指標來檢查專利品質和專利價值，從而得出下列矩陣（圖 2-16）。

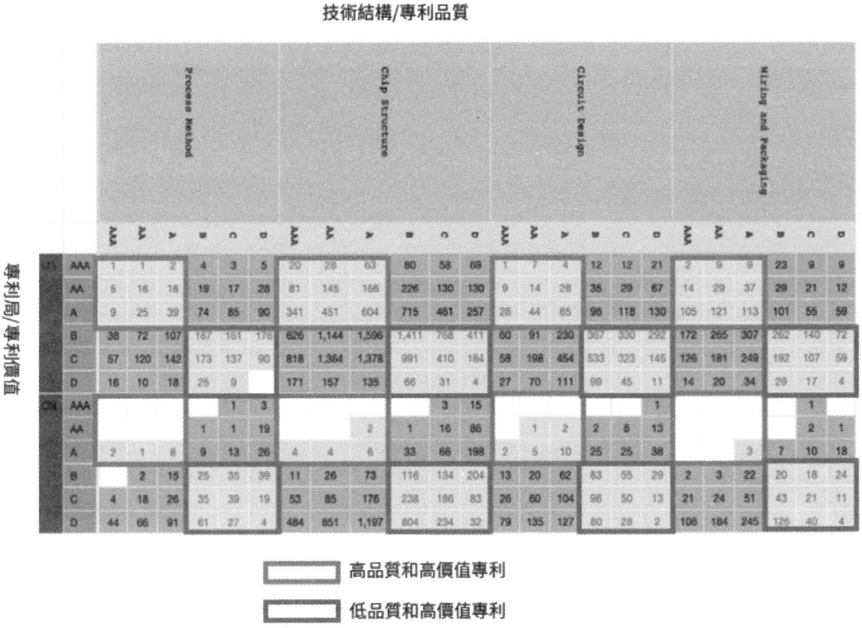

技術結構/專利品質

專利局/專利價值

		Process Method						Chip Structure						Circuit Design						Wiring and Packaging					
		AAA	AA	A	B	C	D	AAA	AA	A	B	C	D	AAA	AA	A	B	C	D	AAA	AA	A	B	C	D
US	AAA	1	1	2	4	3	5	20	28	63	80	58	69	1	7	4	12	12	21	2	9	9	23	9	9
	AA	5	16	16	19	17	28	81	145	166	226	130	130	9	14	28	35	29	37	14	29	37	28	21	12
	A	9	25	39	74	85	90	341	451	604	715	481	257	26	44	65	96	118	130	105	121	113	101	55	59
	B	38	72	107	187	161	176	626	1,144	1,506	1,411	768	411	60	91	230	307	330	292	172	265	307	262	140	72
	C	57	120	142	173	137	90	818	1,364	1,378	991	410	184	58	198	454	533	323	145	126	181	249	192	107	59
	D	16	10	18	25	9		171	157	135	66	31	4	27	70	111	90	45	11	14	20	34	29	17	4
CN	AAA				1	3						3	15						1					1	
	AA			1	1	19							2	1		1	86						2	1	
	A	2	1		9	13	26	4	4	6	33	66	198	2	5	10	25	25	38		3		7	10	18
	B		2	15	25	35	39	11	26	73	116	134	204	13	20	62	63	55	29	2	3	22	20	18	24
	C	4	18	26	35	39	19	53	85	176	238	186	83	26	60	104	96	50	13	21	24	51	43	21	11
	D	44	66	91	61	27	4	484	851	1,197	804	234	32	79	135	127	80	28	2	105	184	245	126	40	4

☐ 高品質和高價值專利
☐ 低品質和高價值專利

圖 2-16：主要晶圓代工廠專利組合的專利地圖
資料來源：世博科技顧問（WISPRO）

　　評量專利組合的品質和價值有許多好處。它可使決策者識別出低性能專利，換句話說就是低品質和低價值專利（低於 C 級）。另一方面，高性能專利，即具有更高品質和價值指標的專利（高於 A 級），相較於其他專利更值得進行貨幣化。

讓我們看看各晶圓代工廠的專利組合，並在此基礎上進行深入探討。涉足這一行列的候選公司有台積電、英特爾、三星半導體、格芯等，因為這些公司最知名，且擁有最高的市占率。

關注這些頂尖的專利申請人可以對之前的方法進行補充：將篩選器設置為僅顯示指標在 A 級以上的專利，可得到一份在專利行使和貨幣化潛能方面擁有更高價值專利的申請人名單。

根據技術結構的分類以及對上述高品質和高價值專利的確認，世博的專家團隊描繪出了以下圖表：

新興技術	公司	tsmc		intel		SAMSUNG		GLOBAL FOUNDRIES	
	專利局	美國	中國	美國	中國	美國	中國	美國	中國
非平面電晶體	專利數量	3,714	896	1,415	356	2,159	362	4,446	274
	高品質和高價值比例	17.0%	0.6%	14.7%	0.0%	1.1%	0.0%	7.7%	0.4%
極紫外光技術	專利數量	453	81	249	19	574	42	350	19
	高品質和高價值比例	9.0%	1.3%	0.8%	0.0%	0.2%	0.0%	3.7%	0.0%
系統級封裝	專利數量	3,461	474	1,259	180	4,303	261	985	47
	高品質和高價值比例	16.6%	0.2%	6.6%	0.0%	0.4%	0.0%	4.8%	2.1%

圖 2-17：全球主要晶圓代工廠的競爭分析

資料來源：世博科技顧問（WISPRO）

此處所示的「新興技術（Emerging Technology）」是另一種進行專利分類的方法。從圖表中我們可以看出，台積電並非總在每個專利局的所有技術中擁有最多的專利申請，但與其競爭對手相比，台積電的高品質、高價值專利佔自己全部專利的比例是最高的，代表其內部研發技術和申請專利的嚴謹程度較高。

例如，格芯在非平面電晶體（Non-planar Transistor）方面擁有最多的美國專利，而三星在極紫外光技術（EUV Technique）和系統級封裝（System in Package, SIP）方面擁有最多的美國專利。但是，這兩家公司中沒有一家擁有比台積電更多高品質及高價值專利，毫無疑問，台積電在先進晶片製造技術方面將繼續處於領先地位。

範例三：ETSI 標準必要專利評量——在 5G 時代佔據上風

對於投資 5G 相關新技術領域的公司來說，及時了解 ETSI 標準必要專利宣告活動至關重要。專利宣告活動對企業的日常經營有何影響？5G 競賽中的不同利害關係人，如產品開發人員、被授權人和投資者，如何了解對手的競爭力和可信度？從專利品質和價值的角度來看，了解專利宣告活動可使利害關係人做出更好的決策。

專利侵權風險是商業成功的決定性因素之一；自由營運檢索（Freedom to Operate Search, FTO）是識別和控制專利侵權風險的標準程序。

隨著5G產業逐漸走向成熟，產品或技術規格（Technical Specification, TS）中涉及的各種技術也往往變得更複雜，從而更難確定某件特定專利與具體產品或技術規格的相關性。

因此，專利授權檢索的範圍可能會很模糊，一些公司，尤其是亞洲的公司，可能放棄對專利風險的控管，而只是簡單地分配了獲得專利授權所需的資金預算。

透過 Patentcloud SEP OmniLytics 的功能，可以清楚地從圖 2-18 看到各 3GPP 技術規格的標準必要專利宣告狀態：

3GPP Spec

All 3GPP Spec ▼ (# of simple families in this chart: 20,249)

	3GPP Spec ⬍	Spec Title	Simple Family
1.	TS 38 331	NR; Radio Resource Control (RRC); Protocol specification	9,243
2.	TS 38 213	NR; Physical layer procedures for control	9,011
3.	TS 38 211	NR; Physical channels and modulation	7,936
4.	TS 38 212	NR; Multiplexing and channel coding	7,600
5.	TS 38 214	NR; Physical layer procedures for data	7,133
6.	TS 38 300	NR; NR and NG-RAN Overall description; Stage-2	4,937
7.	TS 38 321	NR; Medium Access Control (MAC) protocol specification	4,649
8.	TS 23 501	System architecture for the 5G System (5GS)	1,736
9.	TS 38 322	NR; Radio Link Control (RLC) protocol specification	1,659
10.	TS 38 101	NR; User Equipment (UE) radio transmission and reception; Part 3: Range 1 and ...	1,342

圖 2-18：歐洲電信標準協會資料庫中的前幾大標準必要專利宣告規格

資料來源：Patentcloud-SEP OmniLytics

隨著 5G 技術愈加複雜，相關專利的數量持續增加，專利品質和價值指標可幫助用戶設置 FTO 檢索的範圍。

以 TS 38 331 為例，我們將宣告的標準必要專利導入 Patent Vault 後，便可立即透過 Patent Matrix Dashboard（專利矩陣儀表板）瞭解專利品質和價值分布，以及專利局（僅顯示全球五大專利局）和法律狀態（僅顯示有效狀態）的相關資訊（圖 2-19）：

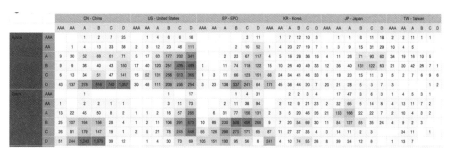

圖 2-19：TS 38 331 的專利局 / 專利品質和法律狀態 / 專利價值分布
資料來源：Patentcloud- Patent Vault

　雖然仍有幾千件相關專利，但專利品質和價值指標在限制專利檢索範圍方面仍有用，因此可以從品質和價值都相對較高的專利開始進行初步的專利檢視。

　另一方面，透過識別出專利品質和價值指標低於 D 級的專利（指標的最後 25%），專利從業人員可在一定程度上縮小專利檢索範圍。如果風險來源之專利權人使用了 D 級專利於產品，則有可能透過以專利舉發的方式來解決專利侵權風險。

4. 結論：專利的品質、價值是專利營運的核心基礎

隨著專利資料的快速增長，如何妥適地評量專利已經成為一個十分重要的問題。

從「專利品質、價值與價格」的評量機制出發，解決傳統方法中會遇到的挑戰，並提供更聰明的方法來評量專利品質和價值。在機器學習技術、綜合專利資料和持續驗證的支持下，可在數分鐘內即刻萃取出深度資訊，專業人士無需像以前曠日廢時地反覆檢索與彙整淺層資訊。釋放了原本用於重複性作業的時間，專業人士可以轉投入於更高價值的專業分析、判斷與驗證。

最後，藉由資料輔助企業研發、專利商品化、專利風險控管、專利資產營運等的各種決策決策的作業方式，可避免專業人士可能會面臨的盲點，並確保高品質的產出。讓決策者不用再像以往，在非重大案件中，多數是憑直覺與臆測下進行決策。

第 3 章

專利組合及其生命週期管理：解放侷限、連續全面

專利組合是什麼？專利組合有什麼用？誰需要瞭解並關注專利組合？該怎麼做才能發揮專利組合用途與效益？

金融資產管理從業人員都知道如何最有效運用股票、現金、債券、黃金、期貨和選擇權等資產以及透過金融資產組合來產生更高的收益。

相對的，智慧財產（IP）從業人員在相關資產貨幣化方面，大多採取較保守的策略，遑論利用這些資產創造更高的收益。用類比的方式來看：一個組織擁有大量專利，但不知道如何管理這些無形資產，就如同一個人有很多錢，但卻不知道如何進行智慧型的投資，讓錢為他們滾更多錢。

簡單地說，過去的專利貨幣化模式較為被動。在過去的觀點中，人們僅僅認為擁有專利權，就有排除他人使用、製造、銷售或進口任何受專利保護的產品。這樣的想法當然沒錯，但視野似乎太過侷限和狹隘。

對專利權人而言，我們可以捫心自問：

是否所有專利發明都能商業化？這些專利的投資報酬（ROI, Return On Investment）如何？這些專利能否真的排除或阻止他人使用、製造、銷售或進口受保護的技術與產品？如果上述問題的答案都是否定的，則這些專利比較像是庫存（沉睡專利），只會產生費用（申請費和維護費），而無法主動產生各類財務報酬。

事實上，專利也是一種資產，就和金融資產一樣，同樣可以讓它們用錢滾錢，產生收益。我們應該對每一項資產作最有效的運用，以帶來更多收益。

華倫‧巴菲特曾說過：

> 人生就像滾雪球，只要找到濕的雪和很長的坡道，雪球就會越滾越大。──波克夏‧海瑟威公司股東及執行長

同樣的，專利資產就跟雪球一樣：專利權人需要高品質與高價值的專利，和一條夠長的坡道。在技術或產品開發流程之初，就像站在山坡頂的時刻，應該審慎考慮自己的專利組合。例如：

- 專利的權利範圍為何？
- 這些專利能否商業化？
- 這些專利應如何佈局到不同的國家？
- 我們該增加或減少對某項技術的投資？
- 我們能否容易地向他人收取權利金或行使權利？
- 最重要的，我們是否擁有足夠的高品質與高價值專利？

重點是，該怎麼做？

接下來分兩階段探討專利組合管理與專利生命週期管理。

用對解方與工具，專利權人就能逐步擬定自己專屬的專利組合管理與專利生命週期管理方法，配合組織營運目標、商業模式、整體策略，針對市場需求加以改善並持續調整。如此一來，便能聚焦高品質、高價值的專利組合，毋需耗費龐大資源在大量低品質、低價值的專利，透過運用即時且有效的方法、跟上市場變化，從而有效分配資源、產出財務效益。

1. 專利組合管理

▍1.1 專利組合管理的意義與用途

　　眾所皆知，專利是專利權人在一段期間內對特定技術方案於特定區域所擁有的排他權，包括：製造、銷售、許諾銷售、使用、進口等權利；相較於單獨個案專利，複數件專利所形成的權利集合是否就是專利組合？本文所闡述和探討的「專利組合」不止於此，具體定義說明如下。

> **專利組合（Patent Portfolio）**
> 係根據特定目的，由至少一件專利所組成具有關聯性的權利集合。

　　首先，專利組合是以特定目的作為前提，才能被賦予明

確存在的意義和用途。詳言之，從專利權人觀點，其決定要投資於規劃、佈局或維持專利組合的主要目的就是「創造價值」，具體地，係利用專利所賦予的排他權作為籌碼，搭配智慧財產的實施（也稱商品化，Commercialization）或交換（也稱貨幣化，Monetization）等模式與手段 [53]，支持實踐商業模式並取得財務報酬期望值 [54]。

- **智慧財產實施**
  - 商品化專利所保護技術方案並銷售產品與服務

- **智慧財產交換**
  - 授權或技術移轉給其他專利實施者取得權利金
  - 交互授權以減抵或減免原需支付之權利金支出
  - 銷售專利組合給予第三方買家以換取買賣價金
  - 作價投資換取公司股權和潛在資本利得與股利
  - 發起專利侵權訴訟排除競爭者或取得損害賠償
  - 以專利作為質押進行融資擔保以取得營運資金

其次，關聯性則是依照前述特定目的，從不同面向和維度對專利組合進行規劃、分類、分級、解構與重組，例如：以公開可取得的專利書目資料中的專利權人、申請人、所有權、發明人、國家、專利類型、法律狀態、優先權日、申請日、公告

日、屆滿日等；又或是以專利權人內部資料中的產品結構、技術結構、應用領域、專利品質分級、專利價值分級、發明人所屬事業單位或研發團隊、商品化記錄、產品型號、是否發現第三方產品侵權專利證據、專利貨幣化記錄、是否曾授權予第三方、是否曾對第三方發起侵權訴訟、是否為標準必要專利、是否已加入專利池組織等。

　　基於前述專利組合的定義，我們可以客觀檢視過去專利申請的模式與習慣，是否有以前述創造價值的目的為前提，在專利從產生到消滅的生命週期中，去設定、檢視並衡量是否達成目的之各個階段目標？進而以目標貫穿規劃、佈局、申請、審查、維護、營運等動作，並且定期校準目標與實際達成狀況？而這些從目標和結果導向的專利組合所涉階段、動作、考量、決策，就是專利組合「管理」。

專利組合管理（Patent Portfolio Management）
以達成特定目的與可衡量目標為前提，綜合事實的掌握以及對未來的預測，對專利組合的規劃、校準、評估、決策與資源配置的手段與配套機制。

　　搭配以下示意圖 3-1，有助於理解專利組合為何存在的意義以及相互關聯的邏輯關係，從上往下（Top-Down）是以目標和結果導向的推論展開過程：

- 透過專利組合才能達成的營運目標為何（Why）？
- 需要透過什麼商業模式來實現（How）？
- 需要什麼專利組合來支持（What）？
- 要擁有這樣的專利組合需要何時作（When）？怎麼做（How）？
- 需要怎樣的團隊才能勝任（Whom）？
- 需要如何編列預算和投資評估（How much）？

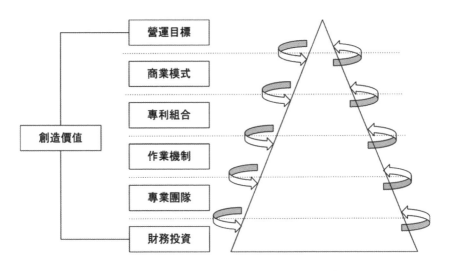

圖 3-1：專利組合的存在意義及相互關聯的邏輯關係
資料來源：世博科技顧問（WISPRO）

　　在瞭解前述專利組合以及專利組合管理的定義之後，本文將搭配公開可得的統計資料，以及幾個產業實例說明專利組合可創造的效益與價值及其經濟規模。

1.2 專利組合管理的效益與價值

世界銀行集團（World Bank Group）[55] 所發布智慧財產使用費（Charges for the use of intellectual property）的收支統計資料顯示，在 2020 年度，全球收入約 3,911 億美金、支出約 4,498 億美金、收入減去支出後的淨額約負 586 億美金（圖 3-2）。

"Charges for the use of intellectual property are payments and receipts between residents and nonresidents for the authorized use of proprietary rights （such as patents, trademarks, copyrights, industrial processes and designs including trade secrets, and franchises） and for the use, through licensing agreements, of produced originals or prototypes （such as copyrights on books and manuscripts, computer software, cinematographic works, and sound recordings）and related rights （such as for live performances and television, cable, or satellite broadcast）." [56]

Data are in millions	2016	2017	2018	2019	2020
World					
Charges for the use of intellectual property, payments (BoP, current US$)	373,376.8	402,059.3	434,367.3	444,525.3	449,765.9
Charges for the use of intellectual property, receipts (BoP, current US$)	332,994.2	363,528.1	395,281.0	399,287.8	391,140.3
Net Charges (Receipts - Payment)	-40,382.6	-38,531.2	-39,086.3	-45,237.5	-58,625.6

Source: World Development Indicators. Click on a metadata icon for original source information to be used for citation.

圖 3-2：智慧財產使用費統計資料（2020 年度總計）

資料來源：The World Bank Group

另外，在世界 5 大專利局（IP5）的專利局所屬國別／區域範圍內，僅有美國及日本的收支淨額為正值。即便該統計資料涵蓋範圍不只有本文所聚焦的專利組合，但仍不妨礙讀者可從此借鑑智慧財產透過商品化、貨幣化等創造價值過程的每年經濟規模，如圖 3-3。

Data are in millions	2016	2017	2018	2019	2020
China					
Charges for the use of intellectual property, payments (BoP, current US$)	23,979.6	28,746.5	35,783.0	34,370.5	37,781.7
Charges for the use of intellectual property, receipts (BoP, current US$)	1,161.2	4,803.0	5,561.3	6,604.7	8,554.5
Net Charges (Receipts - Payment)	-22,818.4	-23,943.4	-30,221.7	-27,765.8	-29,227.3
European Union					
Charges for the use of intellectual property, payments (BoP, current US$)	172,041.1	185,445.4	202,021.9	207,586.8	210,813.0
Charges for the use of intellectual property, receipts (BoP, current US$)	108,526.5	122,499.6	141,265.8	141,467.7	147,256.3
Net Charges (Receipts - Payment)	-63,514.6	-62,945.8	-60,756.2	-66,119.1	-63,556.7
Japan					
Charges for the use of intellectual property, payments (BoP, current US$)	20,246.4	21,381.4	21,993.7	26,774.0	28,218.3
Charges for the use of intellectual property, receipts (BoP, current US$)	39,136.4	41,721.3	45,571.2	47,149.9	43,038.5
Net Charges (Receipts - Payment)	18,890.0	20,339.9	23,577.5	20,375.9	14,820.2
Korea, Rep.					
Charges for the use of intellectual property, payments (BoP, current US$)	9,429.4	9,701.6	9,812.3	9,909.4	9,889.6
Charges for the use of intellectual property, receipts (BoP, current US$)	6,936.0	7,286.8	7,749.1	7,752.0	6,855.4
Net Charges (Receipts - Payment)	-2,493.4	-2,414.8	-2,063.2	-2,157.4	-3,034.2
United States					
Charges for the use of intellectual property, payments (BoP, current US$)	41,974.0	44,406.0	42,736.0	41,730.0	42,984.0
Charges for the use of intellectual property, receipts (BoP, current US$)	112,981.0	118,147.0	114,819.0	115,529.0	113,779.0
Net Charges (Receipts - Payment)	71,007.0	73,741.0	72,083.0	73,799.0	70,795.0

Source: World Development Indicators. Click on a metadata icon for original source information to be used for citation.

圖 3-3：智慧財產使用費統計資料（依專利局國別）

資料來源：The World Bank Group

此外，根據中央銀行 [57] 統計，台灣於 2020 年度的智慧財產權使用費，收入（Credit）約 17 億美金、支出（Debit）約 41 億美金、淨額約負 24 億美金。

Items	2016	2017	2018	2019	2020	2021
Services-Other services-Charges for the use of intel. property n.i.e.-Net Value	-4,055.00	-2,063.00	-2,068.00	-1,857.00	-2,435.00	-2,496.00
Services-Other services-Charges for the use of intel. property n.i.e.-Credit	1,235.00	1,698.00	1,541.00	1,406.00	1,709.00	2,042.00
Services-Other services-Charges for the use of intel. property n.i.e.-Debit	5,290.00	3,761.00	3,609.00	3,263.00	4,144.00	4,538.00

Footnote:

The symbol '—' for an amount denotes the figure is not available or less than a half unit.

Lastest update：2022-02-23

Source：Central Bank of the Republic of China (Taiwan)

Unit：USD millions

圖 3-4：智慧財產使用費

資料來源：Central Bank of Republic of China（Taiwan）

前述宏觀的統計資料提供一個深刻的啟示：不論是哪一個國別，都有成功運用智慧財產發揮效益並成功創造價值和收入。接著，有些產業的專利組合管理實務成效較為良好，以下摘錄幾個成功範例。

醫藥產業（Pharmaceutical）

第一個例子是醫藥產業，這個產業通常極其複雜，由於藥物的分類體系多元，不論是依照大分子藥（biologic）、小分子藥（molecular）的分類，抑或是區分為新藥、學名藥的分類，因應不同分類體系的相關法規、資料來源存在著差異。因為新藥動輒十幾年的產品開發過程需要投入大量時間、金錢與人力資源。具備高效的專利組合管理，才能確保長期的投資回報，同時排除市場上的競爭對手或學名藥。

在產品開發的各個階段，醫藥公司考慮申請專利來保護發明概念，並充分發揮商業化的潛能。例如，在早期篩選藥物階段，醫藥公司可以提出核心專利的臨時申請案，特別是保護具有商業化潛力的概念。

一種新藥產品可能要花十五年以上時間，經新藥申請查驗登記（New Drug Application, NDA）通過後始能上市，因此即使授予專利，剩餘的效期可能不到五年，而且未必能取回完整的投資報酬。因此，這些醫藥公司大多會在新藥臨床試驗[58]（Investigational New Drug, IND）以及臨床試驗的產

品開發階段，接續申請劑型設計、使用方法、使用劑量等專利；甚至在藥物產品上市後，繼續申請新適應症、改良劑型、改良劑量和晶型類似物的專利，除了保護核心藥物，也藉此延長專利組合的生命週期，用以支持相應藥物產品（在此指新藥而非學名藥）在市場上的獨佔地位和定價能力。

在醫藥產業中，組織普遍存在相當多階層的結構，是使專利組合管理更加複雜的另一項因素。例如，一個組織內可能有多個研發中心，專利佈局策略從公司總部延伸到多個海外研發分部。同時，這些單位可能各有專利組合管理者，需要管理所屬區域或藥品的專利組合。

由於藥物產品上市有法規門檻，導致產品不會頻繁的迭代更新，此外，同時因為藥物產品的開發時間長，在產品開發期間無法藉此創造營收獲利，所以醫藥公司往往不會貿然投入過多資源佈局大量的專利組合；亦即，相較於資通訊等電子產品而言，一種藥物產品所需的專利組合的家族數量明顯相對少了許多，根據研究統計，一種藥物的專利組合佈局通常不超過 10 件專利家族 [59]。

這樣的專利組合數量規模相對易於管理，醫藥產業的專利權人可精心佈局並營運專利組合，用以支持藥物產品商品化銷售的商業模式。換言之，醫藥產業的藥物產品和相應專利組合不需盲目追求專利數量多寡，而是洞悉藥物產品技術商品化的商業模式、產銷區域、相關法規等因素，不僅保護產品本身，

也善用法規制度延展專利組合可帶給藥物產品獨佔市場的年限。一般來說，這項產業的專利組合經理人普遍擁有豐富的知識、技能和經驗，但還欠缺適當的管理工具和解決方案。

醫療器材產業（Medical Device）

第二個例子是醫療器材產業，醫療器材係指可對各類使用者提供檢測、感測、監測、診斷、治療、彌補、復健、輔助等包括至少一種或以上功能的具體裝置、設備、耗材、方法、軟體及其組合。

醫療器材產業也有著類似於醫藥產業的產品上市法規門檻，並依照風險程度區分成第一等級（低風險性）、第二等級（中風險性）與第三等級（高風險性）[60]。相較於消費性電子或資通訊產品，第二等級與第三等級的醫療器材具備的產業特徵包括：產品上市法規門檻較高、產品生命週期較長，而且售價、毛利與利潤也較好。國際上知名的醫療器材公司包括美敦力（Medtronic）、嬌生（Johnson & Johnson）、奇異電子（GE, General Electric）、飛利浦（Philips）、西門子（Siemens）等。

這個產業多牽涉許多不同領域的技術，包括醫學、光學、顯示、資料、機械、半導體、生化、軟體、材料等，且每種產品幾乎都涵蓋多項技術領域。因此，對於此產業的專利組合佈局，除了風險較低的第一等級醫療器材之外，第二等級

與第三等級醫療器材多需整合複數技術領域，而不能只考量單一領域，相應地醫療器材公司必須設立相當規模的團隊，才能有效管理整個專利組合。

這些專利組合經理人的首要之務，是運用各種專利申請和訴訟策略，力求在競爭中勝出。若無法領先市場，將難以維持長期營收和確保應有利潤。例如：Masimo 善用其專利組合在醫療器材產業發動專利侵權訴訟，不僅藉此取得損害賠償、權利金等專利貨幣化的價值與收入，甚至也用來打入下游醫療器材品牌商產品供應鏈，以及善用第三方的跨國市場銷售通路擴張商品化銷貨收入等目的。

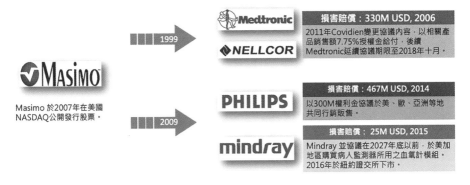

圖 3-5：Masimo 公司的專利訴訟

資料來源：世博科技顧問（WISPRO）

另一種常見的情境則是透過投資與併購，藉此整合市場、團隊、技術、產品、專利和其他智慧財產等各類營運所

需資源。例如：從 2022 年 Medtronic CFO Karen Parkhill 訪談內容 [61] 中可見，Medtronic 透過持續投資或收購的手段，並善用 Medtronic 的資本和醫材商品化資源與經驗，用來加速事業、創新與研發成長，其中，Medtronic 2005-2016 年間的 6 件投資併購案，主要為水平整合與投資新創之商業模式，包括：2005 年以 30 百萬美元併購 Itamar 公司（主要產品為穿戴式感測裝置）；於 2011 年以 82 百萬美元併購 GI Dynamics 公司（主要產品為內視鏡裝置）；2013 年以 193 百萬美元併購 Cardiocom 公司（主要產品為遠距醫療系統）；2014 年以 18 百萬美元併購 mc10 公司（主要產品為穿戴式感測裝置）；2015 年以 110 百萬美元併購 Aircraft Medical 公司（主要產品為影像喉頭鏡產品）；2016 年併購 Belco 公司（主要產品為血液透析儀）。

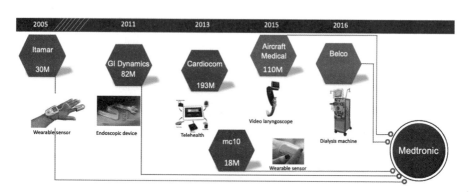

圖 3-6：Medtronic 投資併購案例

資料來源：世博科技顧問（WISPRO）

因此，醫療器材產業內的專利組合經理人必須擁有不同領域的廣博知識，才能掌握潛在貨幣化機會，符合專利權人中長期的業務發展策略。

標準必要專利（SEP, Standard Essential Patents）

第三個例子是標準必要專利，標準必要專利是伴隨著事實技術標準（de facto standard）而生的一種專利組合，例如：行動通訊、無線通訊、影音編碼、電腦檔案格式、無線電力傳輸、連接器等，標準必要專利就是為實施事實技術標準以商品化過程中不可或缺、不可迴避、不可替代的相關專利，簡言之，就是專利世界中的釘子戶。

由於事實技術標準的標準化特徵和產業特性，使得這個領域的各類產品與服務的商品化過程中，必需遵循由標準制定組織（SDO, Standard Developing Organization，例如：3GPP 或 IEEE 等）統籌旗下會員所共同制定的事實技術標準，才能達到技術效果與相容性；在此前提下，擁有並靈活運用標準必要專利的權利人，有相當大的機率可以達到主導產業鏈、控制供應鏈、分配供應鏈的支配地位。

標準必要專利的權利人（SEP Owner）之基本商業模式是透過專利授權來創造營收，而非僅透過商品化來銷售自家的產品或服務而已。

這種商業模式極度仰賴權利金的收取，因此專利必須符合技術規格，從而形成標準必要專利，才能向相關技術的製造、銷售或使用者（統稱標準必要專利實施者，SEP implementor）收取權利金。

標準必要專利權利人，大多具備強大的基礎研發實力、長期深耕的決心和資源投入、同時設立專利組合管理團隊，不僅懂得如何開發、建立並靈活運用標準必要專利／非標準必要專利，更跨部門密切合作以管理複雜專利組合，來藉此創造營收與獲利，確保專利授權商業模式可長可久。

在這類公司中，著名的一個範例是通訊產業的高通（Qualcomm）。這家位於美國聖地牙哥的電信標準解決方案供應商和晶片設計商，其商業模式主要透過 QCT（Qualcomm CDMA Technologies）[62] 銷售晶片產品組合，同時透過 QTL（Qualcomm Technology Licensing）[63] 提供專利組合授權。

在 2021 年度的 10-K[64] 文件中顯示，QTL 累計簽下超過全球 300 個以上 3G/4G/5G 通訊技術的專利授權，其中，5G 技術的專利授權合約已超於 150 份，使得高通在 2021 年度合計創造了 63 億美金以上的營業收入，其稅前盈餘率（EBT%, Earning Before Tax%）高達 73%[65]。

圖 3-7：QTL 財務績效

資料來源：10-K 2021

█ 1.3 專利組合管理的痛點與侷限

　　雖然專利組合管理在部分產業成效良好，仍有許多其他產業尚未發展出健全的專利組合管理解方，原因何在？經深入探討往昔專利領域的運作方式，摘列幾項常見痛點與侷限如下：

1. 欠缺有效理論基礎與公開實務

　　在 548 年的專利發展史上 [66]，從未有文獻完整說明如何有效管理專利組合，甚至未曾公開制定通用於不同產業和技

術領域的一套正確和標準化的專利組合管理方法，每個公司或組織只能自尋出路，並將摸索出的方法與經驗轉變為各自的營業秘密而不對外公開。

不幸的是，由於尚未開發出適當的理論、方法、工具或解決方案，且「量勝於質」的專利佈局迷思盛行，使整個智慧財產領域充斥低品質、低價值的專利。這導致了什麼結果？資源浪費、投資失當、低品質與價值的專利耗用更多成本和人力資源，甚至導致企業無法有效管理其專利組合。這些情況也同樣發生在研究機構和學術機構、專利事務所、法律事務所和專利局，使這些組織耗費更多資源進行專利的審查和訴訟。最糟的是，這些低品質、低價值的專利導致專利資料良莠不齊，進而影響專利組合管理的效率也無從產生效益。

2. 未能校準營運目標與商業模式

申請專利、維護專利等行為得到的結果僅是專利組合中的一部分，必須強調，專利組合理應是專利權人創造價值的過程，不是目的、更不是終點。

具體地，在未釐清明確營運目標和相應商業模式情境下所產生的專利組合，就如同知道自己有什麼技術，但不知道同產業與市場中誰需要或想要的情況下，要透過期待未來的智慧財產實施或交換來取得財務報酬，不確定性明顯高出許

多，容易造成誤擲寶貴且有限的人力、時間、金錢等資源卻僅得到專利文件或證書等「庫存」，這類孤芳自賞的妄想而等不到期望結果的為難困境，許多投入技術研發的組織都曾面臨類似痛點。

3. 並非不連續單一事件決策作結

專利組合管理不會隨著專利申請或獲證後即結束，也不會在習知技術檢索、技術現況檢索、自由營運檢索、可專利性檢索、專利無效檢索或行使專利權後結束。

許多人誤以為，專利組合管理只涉及上述其中一部分，或以為只要管理有效中的專利就夠了。又或是死板地遵循專利申請當時的規劃，卻忽略隨著時間的內外條件變化所造成的影響，只局部的考慮並克服專利審查意見和前案挑戰，這種落後的過時「專業分工」作法也導致了有專利但難以創造價值和變現的現象。

事實上，成功的專利組合管理牽涉更大範圍的決策，包括產品研發、專利申請、審查、維護、營運等，一直到產品生命週期結束或專利過期為止，在這期間的決策都屬於專利組合管理的範疇，而且週期還會隨技術或產品的迭代或延伸而延續。

4. 組織人員專業分工與協作侷限

管理專利組合需要整合不同領域的資料和知識。例如，專利從業人員不只要熟悉工程學，也要瞭解主要國家專利法，甚至必須懂得如何將工程、商業與法律融會貫通。可惜的是，由於專業分工的組織設計，傳統組織內的專利人員或許擅長撰寫技術文件和申請專利，但對於研發、製造、銷售、行銷，或產品管理等其他專業知識的瞭解可能少之又少，甚至一竅不通。因此，他們可能不瞭解這些專業知識能帶來哪些效益，或需要哪些條件來強化商業競爭力，反之亦然。

同時，專利從業人員通常少有具備事業經營管理者的視野高度和廣度，更遑論權限和資源，遺憾的是，這造成組織內意見分歧，不同部門之間無法有效溝通意見，甚至還會獨佔資源或資訊，導致跨部門協調與溝通管理不易，也難以凝聚全體員工朝向相同目標努力。

5. 欠缺緊密協作環境及管理工具

以往，組織內不同部門員工並未緊密地一起合作開發技術、產品、以及營運專利，流程按組織功能別被細分權責和職務，此類傳統的「瀑布式」工作環境形成孤島狀態，導致難以有效溝通，每個人只能根據先前結果來展開自己的任務，在如此孤島式的環境下工作，不只浪費資源、造成重覆溝通，更造成管理上的干擾。

1.4 專利組合管理的解方與配套

即便前述痛點與侷限客觀存在，但並非無解的難題，可對症下藥並有效改善的解方包括下表所列，詳述其原則、配套與實例如下。

表 3-1：專利組合管理的痛點與解方

現況： 痛點與侷限	改善：解方與配套
欠缺有效理論基礎與公開實務	• 以投資報酬率概念重構目標及其關鍵結果 • 校準適配專利組合與營運目標與商業模式 • 不可或缺的競爭分析並監控追蹤發展動向 • 以 PDCA 方法和資料驅動專利生命週期管理 • 平衡配置專才／通才解放既有組織分工侷限 • 導入合適專利組合管理工具與安全協作環境 • 依組織策略和內外發展情報進行動態調整
未能校準營運目標與商業模式	
並非不連續單一事件決策作結	
組織人員專業分工與協作侷限	
欠缺緊密協作環境及管理工具	

資料來源：世博科技顧問（WISPRO）

1. 以投資報酬率概念重構目標及其關鍵結果

借鑑金融行業會有效運用貨幣類、債券類、股權類等金融資產組合來產生更高收益，並追求投資報酬率（ROI, Return on Investment）最大化，從此反思專利組合管理是否有更合適的目標與產出，才能讓專利組合與專利權人願景／使命方向一致，從而支持專利權人的營運目標和商業模式並創造價值，而絕非僅把產出專利組合作為最終目標而已。

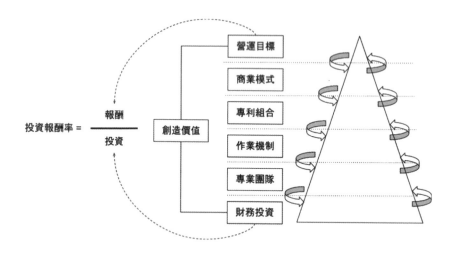

圖 3-8：專利組合的投資報酬率示意圖
資料來源：世博科技顧問（WISPRO）

例如，以前述高通公司的 QTL 於 2021 年財務表現為基礎，並套用目標與關鍵結果（OKR, Objective and Key Result）方法模擬其專利組合管理的目標設定和執行，使專利組合管理的過程和結果可垂直對齊專利權人的營運目標和商業模式。

- 目標（Objective）：

  在通訊產業利用專利授權的獲利能力領先全球。

- 關鍵結果（Key Result）：

  ▪ 稅前盈餘率（EBT%）在 2022 年度達到 70%。

  ▪ 2022 年度合計簽下 50 份 3G/4G/5G 專利授權新合約。

  ▪ 2022 年度屆滿的 3G/4G/5G 專利授權既有合約，當年度完成續約比例達 80%。

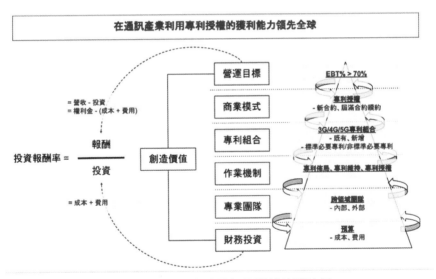

圖 3-9：專利組合的目標及關鍵結果範例

資料來源：世博科技顧問（WISPRO）

當然，每個專利權人所屬產業別、預算、團隊、作業機制、專利組合存在差異性，設定的目標自然就會因人而異。關鍵是專利權人的經營管理者是否有決心跳脫「受制於人」而進入「授智於人」的新賽道，透過積極且務實的設定目標和關鍵結果，藉此驅動思考並論證：

- 要用什麼商業模式來實現營運目標？
- 前述商業模式需要有哪些條件的專利組合才能達成目標？
- 要怎麼作才能取得滿足前述條件的專利組合？
- 需要哪些技術／專利／授權／法務／財務等跨領域專業團隊來實踐戰術和行動計畫？
- 為了達成上述目標的所需合理預算配置和動支的評估機制等。

2. 校準適配專利組合與營運目標及商業模式

在釐清前述目標與關鍵結果並達成共識後，接著是打造能支持達成目標的作業機制。

以專利權人的營運目標和商業模式為前提，校準並適配所需專利組合應具備的規格與條件，此步驟重點在於建立專利組合與產業／商業的關聯性驗證過程，包括：

- 掌握產業結構／生態系／獲利模式／產銷區域的現況並模擬未來發展；

- 規劃專利組合的分類分級體系與佈局原則；
- 適配分析專利組合中的獨立請求項可涵蓋的產品／技術／應用領域與競合對象關係等。

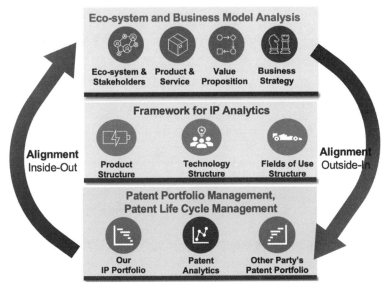

圖 3-10：專利組合與營運目標及商業模式

資料來源：世博科技顧問（WISPRO）

　　回顧本文一開始對專利組合的定義，專利組合的關聯性是依照特定目的，從不同面向和維度對專利組合進行規劃、分類、分級、解構與重組，具體地，不論是以公開可取得的專利書目資料，抑或是專利權人內部資料所建立的關聯性，重點在於要讓專利組合與產業／商業連結而避免脫鉤，才能清楚掌握投入與產出關係，以及目標和達成關係。

以電動輔助自行車為例，事先定義產品結構、技術結構、應用領域或其他有意義、有用的分類體系後，透過定性分析每一專利獨立請求項的保護範圍，逐一進行分類。

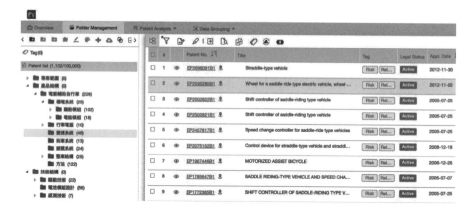

圖 3-11：電動輔助自行車產品與技術結構分類
資料來源：世博科技顧問（WISPRO）

　　藉此，可以利用二維矩陣分析工具，從宏觀視角觀察現有專利組合佈局於產品技術全景的分布狀況，從中檢視是否與前述的營運目標、商業模式方向相符，而不只是一長串專利清單而已。

　　具體地，專利組合佈局於產品結構的關係是否與自己產品組合及其營收／利潤分布的關聯性、與研發資源投入在哪些技術和產出的關聯性。

The total number of patents : 790; The number of patents in the chart : 790 *The latest information may differ from the original data due to time factors.

	技術結構	驅動技術	電池模組設計	感測技術	感測器位置	感測標的	感測器設計	控制技術	控制方法	驅動控制方法	電能管理方法	安全控制方法	剎車控制方法	變速控制方法	車架設計	介面設計	材料設計	其他
電動自行車																		
電動輔助設行車	70	22	2	23	105	7		7	95	10		3	7	25	6			4
機電系統	9	4		2	12				10	6		4						
驅動模組	164	1	3	32	99	34		6	84	6	3	1	10	1	3	3		
電能模組	4	30		3	5				8							1	1	
行車電路				2	17	2		8	5	6	1	1	4		15			2
變速系統	12	1			12								36	1	1			
剎車系統	2				3				1	2		8	1					
迴路系統	9		1	2	5		1	9					1	2				4
整車載構	57	3	2	3	7	1	1	2	3		1			36	1	3	5	
方法	15	2	1	13	79	4	1	9	52	12	3	3	20	5	5			1

圖 3-12：電動輔助自行車產品與技術結構矩陣分析

資料來源：世博科技顧問（WISPRO）

　　此外，透過整合公開可取得的專利書目資料以及專利權人內部資料的關聯性，還可根據不同管理需求，善用現有工具客製化開發互動式、可連動、定期自動更新的資訊儀表板，完整掌握內外資訊。

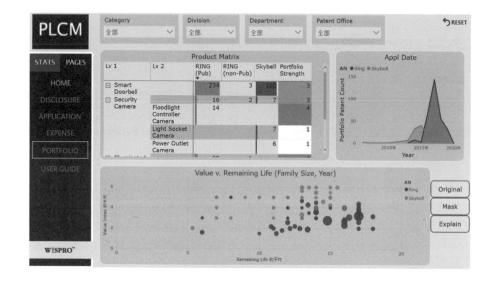

圖 3-13：專利組合管理儀表板

資料來源：世博科技顧問（WISPRO）

3. 不可或缺的競爭分析並監控追蹤發展動向

同時，健全的專利組合管理應融入「知己知彼，百戰不殆」的精神，除了掌握自己的專利組合之外，也應主動監控追蹤內外發展動向，包括觀察同業競爭對手的專利組合。

藉此評估高品質、高價值專利的層級和數量，不只透徹瞭解競爭對手，更重要的是專利權人自家組織的實力，及其在全球佈局中的地位，透過從資料中透悉可行動洞見，用以支持並驅動在商業及技術等面向，採取競爭或合作的戰略與

戰術。若少了競爭比較分析，就無從客觀地確定自己專利組合真正優缺點，因而可能為組織帶來忽視潛在決策機會的風險。

對市場上所有對手的專利組合進行監控—藉此資訊分辨最主要的競爭對手，找出可能的合作夥伴。

除了商業決策，也可決定採用哪些類型的產品或技術策略，例如是否提高研發投資，或是直接避開這類競爭對手。

	Bionx Group*	Campagnolo S.R.L.*	Honda Group*	J.D Components*	Mando Coporation*	Panasonic Group*	Rober Bosch*	Sanyo Group*	Shimano Inc.*	Yamaha Group*
▼技術結構-向型										
▼驅動技術			1	1			1		3	1
▶馬達設計	3		5	4	6	2	1	1	4	5
▶傳動設計(Power Train)	1	1	9	4	3	10	8			7
▶零組件設計		6	5	4		10	1		11	4
電池模組設計	1		10		1		3	3	3	8
▼感測技術							2		1	1
▶感測器位置			4	7	1	4	7	5	5	6
▼感測標的										
▶人				5		4	8	7	3	
▶車		5	10	9	6	6	10	6		
▶環境			2	2		1	5	1	1	1
感測器設計			2	1		1		2	2	5
▼控制技術										
▼控制方法			1				1		5	1
▶驅動控制方法			1		3	8	3	9	12	10
電池管理方法			3		1		5		4	6
安全控制方法					1		2		1	
剎車控制方法						1	2			1
變速控制方法		14	3	5			4			4
車架設計			4		3				3	1
介面設計			1	1	2	1			2	1
材料設計			1							
其他							1		1	1

圖 3-14：專利組合管理 - 競爭對手監控

資料來源：世博科技顧問（WISPRO）

緊密追蹤任何新動向 —因為現況可能隨時改變，專利組合管理的策略、戰術與行動則需要因應這些變化來評估是否需要調整。

　　例如，競爭對手可能隨時推出新發明，或審查／維持過程中捨棄部分專利，無論何種情況，持續掌握這些變動，判斷對專利權人自己的營運目標和商業模式是否有影響，有助於即時因應。

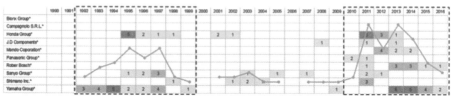

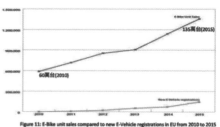

圖 3-15：專利組合管理 - 依照競爭動態滾動式調整
資料來源：世博科技顧問（WISPRO）

4. 以 PDCA 概念和資料驅動專利生命週期管理

　　此外，專利組合管理宜具備全週期發展的觀念，奠基在「專利生命週期管理」（PLCM, Patent Life Cycle Management）的原則，視組織在產業中的需求隨時調整策略和資源配置，並可參酌整合 W. Edwards Deming 提出的戴明循環（也稱為 PDCA, Plan-Do-Check-Act）方法，持續改善和進步。

為建構、維護可以支持專利權人商業模式、創造價值與營收獲利的專利組合，從產出研發成果開始啟動的專利生命週期各個階段，專利權人都面臨如何做出達成目標並符合效益的投資決策時機。

於專利生命週期的不同階段檢視專利組合時，可進一步從不同維度的資料和觀點透悉洞見，例如：生產、銷售、競爭對手、法律狀態、申請年度、國家等其他內外因素和變化，結合這些因素，有助於建構並評估整個專利組合的全貌，用來檢驗實際行動和目標達成狀況。本文第二部分將詳述專利生命週期管理的架構與細節，於此先不重複贅述。

5. 平衡配置專才與通才解放既有組織分工侷限

要突破專利組合管理在傳統組織人員專業分工的侷限，改善要點有二。

其一：專利權人的經營管理者是首要關鍵，當經營管理者從事業經營視角的高度和廣度，對專利組合能夠透過商業模式達成營運目標等關係有了深刻理解和重視，並且有決心和承諾建立相應的戰略、戰術、資源投入與配套機制，才能凝聚全體員工朝向相同目標努力，解放侷限才能水到渠成。

其二：專利組合管理需要整合不同領域的專業和資料，亦即不但要熟悉單一專業領域，也必須通盤瞭解組織各部門的作業方式。因此，需要更多「通才」發揮多元能力，運用跨領域知識，才能有效管理專利組合，藉由能夠執行跨部門整合的通才以及各部門團隊的專才緊密合作，重新審視專利組合的重要性，從而創造更大的價值。

6. 導入合適專利組合管理工具與安全協作環境

高效管理工具和安全協作環境是專利組合管理是否可以解放侷限、連續全面的關鍵所在。

若缺乏適當的工具或解決方案，不論是專利組合管理，甚至是專利競爭情報分析與彙總，都導致效率不彰，不幸的是，即使目前最常見的智慧財產案件管理系統也無法滿足上述要點，主要關鍵因素有二：資料品質不良且無法檢索以及缺少競爭分析資料。

因此，為了有效管理專利組合以及進行競爭分析，在選擇工具或解決方案時應將下列因素納入考量：

a）統一的協作平台

協作平台讓組織內相同案件成員之間彼此的想法獲得交流，並可針對成員私底下的交流或是不同工具之間的轉換所造成的資訊不同步的問題獲得改善。例如，運用 Patentcloud

的 Patent Vault 專利資料協作空間，專利人員、研發人員或其他跨部門團隊可以在統一的協作平台整理所查到的專利資料。更進一步，再依照所定義的資料夾在平台上進行二階 Patent Matrix 矩陣分析，從不同維度分析技術、產品和應用領域等結構，發現自己或競爭對手專利組合當中關鍵的訊號。

b）所有的資料欄位、文件資料能被檢索與分析

以往的專利書目資料、申請歷程等紙本文件沒有數位化時，專利從業人員若要整理海量的文件並擷取出有益的資訊相當耗時與困難。但隨著資料科學的進步，透過光學字元辨識（OCR）以及資料標準化，巨量的專利資訊的可被運用性，以及專利從業人員的效率大幅度提升。例如，於涉訟專利的品質檢驗，透過 Patentcloud 的 Quality Insights 一鍵取得並檢視各類前案摘要、專利審查記錄事件時間表，和特定的 IPR 事件詳細資料，能夠簡化了專利資料的處理段，方便專利人員彙整、管理和分析專利組合。

c）能即時分析大量資料並視覺化呈現結果

以往針對大量專利資訊的分析，需經過專利檢索、整理資料、製作報表的高重複性的基礎工作，但隨著人工智慧（AI）與巨量資訊的發展，透過機器學習與演算法已經可以

將龐大的專利資料在幾秒內轉為可視化的報表,支持專利人員更有效率的評估專利組合以及輔助支持決策者做出關鍵決策。

7. 依組織策略和內外發展情報進行動態調整

盤點、評估並追蹤自有專利組合現況,與當前組織策略、營運目標、商業模式的相符程度,據此動態調整戰略、戰術與資源配置來影響目標和結果的達成,此重要性不言而喻。

專利權人可能隨產業或技術發展因素,而改變企業方針和相應策略。例如:(1)因應市場需求的變化,可能原有的暢銷產品已不再熱銷;(2)因應技術持續研發與迭代進步,自有的舊技術也面臨是否功成身退;(3)從競爭分析和持續監控追蹤過程中,若發現有競爭對手突然停止申請或開始放棄特定技術的專利,意味著該公司的開發策略可能已有所調整,宜開始調查其技術的商品化問題。

此外,由於市場、產業、產品、技術、專利審查進度、專利法律狀態、競爭分析等內外因素大多會隨著時間而變動,藉由與時俱進並敏捷地評估專利組合,並透過健康的新陳代謝機制做資源重新配置(例如:加碼投資、即時停損),不論是活化專利組合、優化專利組合、或控管專利費用等經營決策,都有助於達成目標。

▌ 1.5 結論：透過專利組合管理，創造更好的未來

綜上所述，您應該已充分理解專利組合的意義和用途，也明白痛點與解方，更可客觀的檢視過去習知作法是在營運可支持商業模式並創造價值與競爭優勢的資產、抑或是持續產生費用卻無法產生營收獲利的庫存或負債。

由於現況是一系列的過去行為所累積的結果，每一行為又是基於想法和觀念所作出的決策，若期望改善並創造更好的未來「現況」，勢必得優先檢視源頭的想法和觀念是否需要調整，再以此為基礎，規劃並執行相應的營運目標、商業模式、專利組合、作業機制、專業團隊和相應資源。

2. 專利生命週期管理

誠如本文第一階段專利組合管理所述，專利組合存在的意義在於是否能夠為專利權人創造價值，而專利組合又與營運目標、商業模式、作業機制、專業團隊與財務投資環環相扣。為建構、維護並利用可以支持專利權人商業模式、創造價值與營收獲利的專利組合，同時追求有限資源運用效率和投資報酬率的最佳化，以下開始說明專利生命週期各個階段，如何善用資料與工具來輔助決策的作業機制理論與實務。

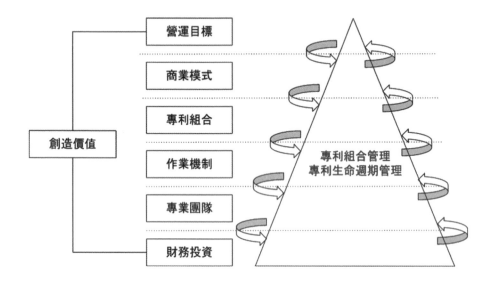

圖 3-16：在全專利生命週期中的專利組合管理

資料來源：世博科技顧問（WISPRO）

2.1 專利生命週期管理理論

專利生命週期管理意義

在探討專利生命週期怎麼做之前，我們先與讀者共同回顧專利組合、專利組合管理在本文第一階段的定義，同時並列專利生命週期管理的定義。

表 3-2：專利組合、專利組合管理、專利生命週期管理的名詞定義

專利組合（Patent Portfolio）	專利組合管理（Patent Portfolio Management）	專利生命週期管理（Patent Life Cycle Management）
係根據特定目的，由至少一件專利所組成具有關聯性的權利集合。	以達成特定目的與可衡量目標為前提，綜合事實的掌握以及對未來的預測，對專利組合的規劃、校準、評估、決策與資源配置的手段與配套機制。	為持續改進專利組合形成、管理和貨幣化的結果與成效，在專利組合的權利產生、變更、消滅等連續過程間，確保專利組合在品質、價值以及與經營方向一致性，專利組合的利害關係人（stakeholders）可實施戰略、戰術、資料與工具的總和。

資料來源：世博科技顧問（WISPRO）

簡言之，專利生命週期管理是以專利組合管理為前提，從時間維度展開不同階段的具體作業機制。用產品來類比，可以便利讀者理解：

- **專利組合**，就像是產品組合，必須能為專利權人創造價值才有存在和投資的意義。
- **專利組合管理**，就像是產品組合的「規格和事業化企劃」，透過校準並對標專利權人營運目標與商業模式，論證並規劃所需專利組合的相應規格、條件，持續監

控與應用專利組合的原料、半成品、成品等資產或庫
存來創造價值。

- **專利生命週期管理**，就像是產品組合的「生產計畫」，
拆解並執行可以生產製造出滿足前述專利組合的製造
工序和良率要求，並隨著時間推移，綜合考量專利權
人內外之客觀條件、主觀條件的變化，評估是否持續
投入資源進到樣品、試量產、量產等生產排程階段，
抑或是，即時停損並重新配置資源至創造價值期望值
相對更高的專利組合。

　　具體地，專利在權利的產生、變更到消滅的連續過程，
可從時間維度將專利生命週期區分為三個階段，包括：專利
申請前的準備階段、專利申請後到獲准領證間的審查階段、
在專利屆滿或失效之前創造價值的貨幣化階段。

圖 3-17：專利生命週期中的三大階段

資料來源：世博科技顧問（WISPRO）

專利生命週期每一決策都需投資評估

事實上，專利生命週期管理與新創事業的發展路線[67]在概念上有著高度重疊。參閱下圖（圖 3-18）綜觀，從新創事業／專利組合起點開始後不斷地持續投資，在開始有營收之前面臨著如何存活並度過死亡之谷的艱困挑戰，即便開始有營收是否能夠成長到可損益兩平、開始獲利和持續成長，以及當既有商業模式與產品／服務／專利組合的成長趨緩或開始衰退時，如何即時推出創新產品技術／專利組合與商業模式來驅動下一波成長動能來持續經營，並合理的新陳代謝來動態配置資源以產出更佳經營成果。

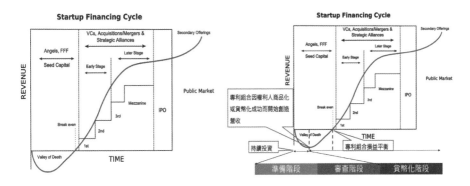

圖 3-18：專利生命週期管理與新創事業的發展路線 -1

資料來源：世博科技顧問（WISPRO）

也就是說，專利組合類比於新創事業，若專利權人從一開始就是把專利組合當成事業經營的高度、廣度和深度來管

理，發明人就像是專利組合的創辦人與技術長、專利權人就像是專利組合的投資人與股東、專利權人的專利和跨領域團隊就像是專利組合的專業經理人，專利生命週期管理各階段就如同創業過程，不論是在哪一個階段和時機，專利權人都需整合內外發展動態與利害關係人專業意見，不斷作投資評估與決策，並追蹤歷來決策和行動累積的專利組合結果與現況是否達成目標並符合效益，例如：為何申請專利、是否申請專利、專利佈局哪些國別和申請途徑、是否回覆審查意見與如何回覆、是否繳費領證、是否申請延續案／分案／再領證、是否可商品化或貨幣化等。

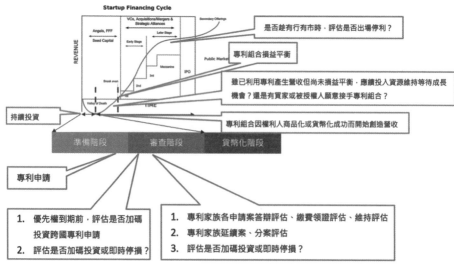

圖 3-19：專利生命週期管理與新創事業的發展路線 -2

資料來源：世博科技顧問（WISPRO）

既然專利生命週期的每一決策都與投資有關，對專利權人而言，宜從投資報酬率的分子和分母同時考量，並且務實地先評估並校準專利組合當下保護範圍、專利品質和價值[68]、佈局國別、法律狀態與營運目標和商業模式的一致性。

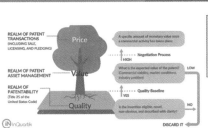

図 3-20：從投資報酬率考量專利生命週期的每一決策

資料來源：世博科技顧問（WISPRO）

- **預期報酬：**

　　▪ 如何估算專利組合未來創造價值的期望值？

　　▪ 誰是可利用專利組合創造價值的目標對象？

　　▪ 如何對接目標對象的可行商業模式和途徑？

　　▪ 何時是專利組合開始創造價值的絕佳時機？

　　▪ 是否有阻礙專利組合實現創造價值的風險？

- **預期投資：人力、時間與預算**

專利品質與價值評估至少需要哪些事實資料

專利品質是專利價值的前提、專利價值是專利品質的實踐 [69]

　　亦即，「專利價值」是「專利品質」和「專利保護的技術範圍在時空範圍內有無任何實施 [70]（或未來將實施）事實」的相乘結果，要能客觀評估專利組合的品質與價值並支援投資決策，從資料來源和評估用途區分以下類別作為範例（未窮舉）。

表 3-3：評估專利品質、價值的資料來源

資料來源／評估用途	品質評估 （可能影響專利性的前案文獻）	價值評估
權利人內部私有資料	權利人內部檢索相關前案 權利人委託第三方檢索相關前案 同專利家族其他專利狀態 同專利組合其他專利狀態	權利人是否已商品化或將商品化 是否已蒐證第三方疑似侵權產品
外部公開可查詢資料	官方審查意見及其引用對比文獻 第三方挑戰專利無效的相關前案	相關技術方案 替代技術方案 互補技術方案

資料來源：世博科技顧問（WISPRO）

　　例如，原專利組合的價值評估有已被商品化或涵蓋了疑似侵權產品的目標對象等正面評價，若於專利生命週期間發現影響專利性的任一前案文獻，可能導致為了克服前案文獻

揭露技術內容的專利性影響，而限縮或放棄部分專利範圍，進而因為品質受到影響而使得價值無法實踐。又或者，雖專利組合具備高品質，但未被商品化也沒有疑似侵權產品，類似這樣時機未到或孤芳自賞的專利組合，也難以對專利權人創造價值。

專利生命週期管理目標

歸納而言，專利生命週期管理有三大目標，用以作為貫穿準備階段、審查階段、貨幣化階段的原則和作業指南，包括：（1）確保專利組合與專利權人商業模式及其營運目標一致、（2）擬定與商業模式最適合的專利組合跨國佈局策略與戰術、（3）動態評估專利申請、審查、維護、貨幣化等管理決策。

圖 3-21：專利生命週期管理目標

資料來源：世博科技顧問（WISPRO）

透過理解並實踐專利生命週期管理的理論和方法，不僅有助於專利權人跳脫常見的管理不良問題（例如：僅申請專

利至取得證書，卻與營運目標和商業模式脫鉤），更基於不斷與商業模式及營運目標校準，打造能支持優質優勢並可多元獲利的專利組合，可據此獲得明顯改善和效益，例如：（1）洞察技術發展脈絡關係、（2）優化研發資源配置管理、（3）提昇專利組合品質價值、（4）降低無效專利資源浪費、（5）最大化專利投資報酬率。

▌2.2 專利生命週期管理實務

以專利生命週期管理理論為基礎，本文將搭配以下示意圖依序與讀者分享專利生命週期管理的評估機制設計考量與實務，以期透過邏輯合理、方法務實、資料驅動專利生命週期管理，進而輔助專利權人決策、提高決策精度、保障決策效益。

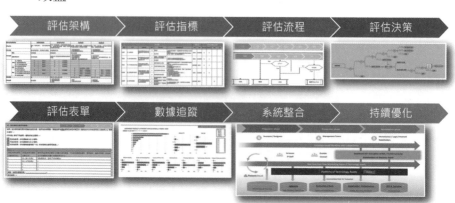

圖 3-22：專利生命週期管理的評估機制設計考量與實務

資料來源：世博科技顧問（WISPRO）

評估架構

首先，就評估架構拆分專利生命週期不重複、不遺漏的幾個階段，例如：本文前述專利生命週期理論所定義的準備階段、審查階段、貨幣化階段進行劃分，當然，也可因應讀者所屬產業和組織的需求彈性調整和增減。

專利生命週期階段			提案準備階段		提案評估階段		審查階段		維護階段	
評估目的			評估「研發成果」，並決定是否提案		評估「研發成果」，含適的智慧財產型態，若適合專利保護，則進一步評估是否要佈局申請		在收到「專利申請案」的審查意見時，評估是否要投入資源進行答辯		屬「專利」獲准後，評估是否要繳費領證、繳費維持專利權	
評估時機			產出研發成果，且未對外公開前		收到提案文件		1. 收到審查意見 (2. 盤點既有專利組合)		1. 收到繳費通知 (2. 盤點既有專利組合)	
評估客體	類型		研發成果		研發成果		專利申請案		專利	
	客體相關文件		技術揭露書		提案文件(包含技術揭露書及提案評估表)		1. 專利申請說明書 2. 官方審查意見 3. 答辯相關文件 4. 提案文件、歷次審查評估表		1. 專利說明書 2. 歷次審查評估表、歷次維護評估表	
評估指標	型態	T1. 可觀察性	V	發明人	V	技術經理				
		T2. 產品調查容易性	V	發明人	V	技術經理				
		T3. 不可專利標的評估	V	發明人	V	技術經理				
	品質	Q1. 具有前案可能性	V	發明人	V	技術經理				
		Q2. 權利項強度					V	技術經理 + 發明人		
	價值	V1. 技術可替代性	V	發明人	V	技術經理	V	發明人 + 技術經理	V	發明人 + 技術經理
		V2. 現在商業化使用可能度					V	發明人 + 技術經理	V	發明人 + 技術經理
		V3. 未來商業化使用可能度	V	發明人	V	技術經理	V	發明人 + 技術經理	V	發明人 + 技術經理
		V4. 貨幣化紀錄					V	發明人 + 專案負責人	V	發明人 + 專案負責人
評估流程			無		T3>T1>T2>Q1>V3		V4>Q2>V2>V3		V4>V2>V3>V1	
評估結果			提出提案		1. 專利佈局申請 2. 營業秘密管理 3. 結案		1. 答辯 2. 放棄答辯並結案		1. 繳費維護 2. 不繳費結案	

圖 3-23：專利生命週期管理的評估架構

資料來源：世博科技顧問（WISPRO）

再者，依照每個階段，需優先疏理清楚相應的評估目的與評估結果，再從結果回推決策起點到決策終點過程間所需定義的評估時機、評估客體、評估指標、評估流程，以便專利權人內部有清晰的架構與輪廓共識，組織的利害關係人和權責角色可以不僅查看當下決策時機點的落點同時也了解宏觀全貌。以上表顯示內容為例：

提案評估階段：在專利權人內部專利權責單位收到由發明人備妥的技術揭露書或提案表單後，應優先回顧專利組合管理當下最重要的「營運目標」，據此評估並判斷接續流程、退回流程或結束流程才對專利權人實現營運目標最有助益，其中，接續流程又可區分為專利佈局申請或營業秘密管理。

不能忽略的關鍵是，就評估結果的每一階段，專利權人需同時考量評估客體（研發成果、專利申請案、專利）在專利組合管理架構下的分類、分級與佈局原則，用以在不同時間點校準適配專利組合與營運目標及商業模式的當下事實和未來預測。

評估指標

回顧本文專利生命週期管理理論提及：

「專利生命週期每一決策都需投資評估」
「每一決策宜校準營運目標、評估品質與價值」

從評估時機到如何做出評估結果的考量因素，自專利生命週期不同階段宜考慮法規、商業和投資報酬等面向，包括：「可不可以」、「適不適合」、「要不要」、「要多少」的邏輯層次關係，據此整合各國專利法規與實務相關的專利適格性、新穎性、主張專利侵權時的舉證責任難易度、專利貨幣化相對方當事人會盡職調查的評估項目等相關條件。

由於每個階段的評估作業所需時程分別影響到研發成果轉為專利申請案的申請日、審查意見答辯法定期限、繳費維護法定期限等因素，若評估指標定義與量化評估設計過於繁複，不僅難以評估、無法執行，甚至還沒達到客觀論證的效果之前，反而使得專利權人內部因為複雜制度而滯礙難行。因此，本文倡議專利生命週期管理的評估指標設計原則，可簡化為以下所列 4 個原則。

- **型態分流**，用以評估研發成果採用專利或營業秘密較為合適；
- **品質把關**，用以評估專利組合在技術面向、法律面向、程序面向是否禁得起審查委員和未來第三方的品質挑戰；由於專利品質是專利價值的前提，若不具備品質條件，則專利價值也難以或無法實現；
- **價值論證**，用以評估專利組合於評估當下時間點與專利權人的營運目標、商業模式相符和一致程度，及其相應的現在及（或）預期報酬，用以決定專利權人是否持續投資及其多寡程度。此外，從研發成果經準備階段、審查階段到維護階段，往往需歷經數年時間，隨著時間變化，產業、市場、產品、技術也會隨之變化，價值指標特別需要在專利生命週期的不同階段分別重新評估，檢視並追蹤過去對研發成果的「未來商

業價值」預測是否已實現；

- 明確定義指標內容、簡化指標量化分項、定義指標所需事實依據、規範權責人員分工、釐清每一指標所適用的不同專利生命週期階段等規則。

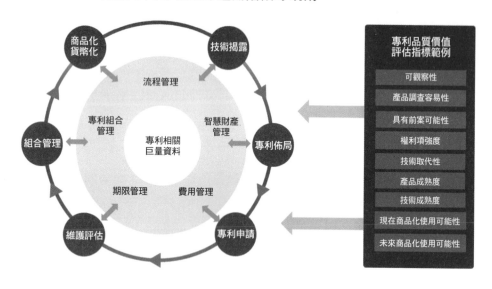

圖 3-24：專利生命週期管理的評估指標範例

資料來源：世博科技顧問（WISPRO）

評估流程、評估決策

於專利生命週期每一階段所需評估指標定義完成後，接續探討的是如何彙總各項評估指標的事實和量化評估結果，並據此做出評估決策。

依照評估指標的量化結果，若以加總或加權後彙總的總

分作為決策依據，不論是分數相對高或相對低的級距，不僅未能夠反映出有意義和有用的信號，反而稀釋或淡化了需同時考量的品質、價值等因素造成決策雜訊。

相對地，本文與讀者分享評估流程的設計方式，可改採符合解決問題的邏輯思維，同時借鑑統計學中貝氏定理[71]（或條件機率）的概念，以決策樹（Decision Tree）模型來實踐。

以專利生命週期中的審查階段為例：在審查階段時，當收到各國專利審查委員發出的審查意見後，專利權人需評估並做出是否答辯的決策。假設專利權人在此階段同時考量以下所列 4 項指標。

- **專利品質**：權利項強度。
- **專利價值**：貨幣化記錄、現在商業化使用可能度、未來商業化使用可能度。

圖 3-25：專利生命週期管理的評估流程範例

資料來源：世博科技顧問（WISPRO）

首先，先確認該專利是否存在已成交且仍在合約期間內（或正在洽談中）的貨幣化記錄，此時繼續答辯以維持專利申請權和專利權不使其失效，是避免專利貨幣化合約違約、或維持接續貨幣化協商的合理決策。

其次，若目前無洽談中或已完成的貨幣化記錄，則進一步評估審查意見對專利申請案的權利範圍影響程度；在修改或限縮範圍也無法克服官方審查意見，則不需再投入資源評估和答辯；相對地，不論權利範圍評估結果分數高或低，應進一步評估專利價值在現在已掌握的事實還有未來的預期報酬。

「專利價值」是「專利品質」和「專利保護的技術範圍在時空範圍內有無任何使用（或未來將使用）事實」的相乘結果

身為讀者的您應當可以發現，在此範例中，評估指標並非只單純考慮能否克服審查意見的「品質」挑戰，更重要的是，透過平行衡量的其他「價值」指標，補足了投資評估過程中對投資報酬率的「報酬」客觀事實現況與未來的預期報酬，綜合對價值掌握的現況事實和期望值折限，客觀論證每一次投資與報酬的意義和用途，而非僅是為了申請專利、取得證書而已。

由此可見，根據決策樹和評估指標的分類與順序關係，要對專利組合能夠做出持續投資的決策，需要具備強而有力的正面評估結果和事實依據，才能藉此支持專利權人達成營運目標；反之，若在評估流程中的每一品質或價值指標，反映出繼續投入資源的決策欠缺了相應的預期報酬，從專利權人同時身兼專利組合投資人的角度來看，客觀看待不符合預期投資報酬率的投資標的，還是果斷判斷並重新配置資源到

其他更能實現營運目標的專利組合較為合理。

當然，利用決策樹模型來整合專利生命週期的評估結果與評估過程（包括所需指標、評估順序），每個專利權人均可依照自己所屬產業、人員、投資決策、可控資源的差異性進行客製化設計與調整，並適當地檢核是否需要調整評估流程。

評估表單、資料追蹤

基於前述已定義的評估架構、評估指標、評估流程、評估決策，專利權人可根據現有的研發成果、智慧財產、或專利案件管理系統（若有）設計所需表單與欄位，以便專利權人內部利害關係人的權責角色，可以在專利生命週期不同階段，評估、記錄、累積並追蹤每一研發成果、專利申請案及專利的量化評估結果。

據此，就如同生產履歷，專利權人不僅可從微觀的個案細節到宏觀的全局視角，從單一維度或複數維度的排列組合，審閱其專利組合，觀察對專利組合的分類、分級、歷來投資、各項評估指標的結果分布、產出結果，及其與專利權人當前營運目標和商業模式的相符程度，也可回溯專利組合從準備階段、審查階段、貨幣化階段的品質、價值評估記錄的變與不變關係，用以支持不只是個案於專利生命週期特定階段的單一事件決策，也能綜觀全局貫穿點、線、面、體的不同維度進行專利組合管理。

系統整合、持續優化

茲摘要並彙整專利生命週期管理理論與實務各組成要素，化繁為簡如 3-26 示意圖，可以清楚的理解專利生命週期不同階段的協作流程是連續全面的而非不連續的單一事件、利害關係人理應包括內部與外部角色（包括專利權人經營團隊、發明人、智慧財產團隊、跨領域團隊和外部搭配專業團隊）、專利資料本身、專利組合管理和專利生命週期管理相關資料（權利人內部私有資料、外部公開可查詢資料）的相互關係。

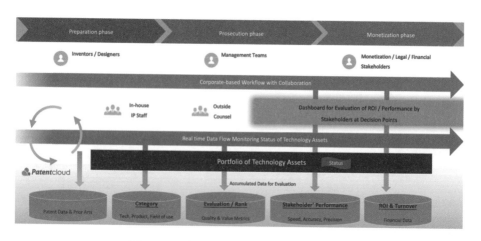

圖 3-26：專利生命週期管理與系統整合

資料來源：世博科技顧問（WISPRO）

對專利權人而言，為了在專利生命週期管理的實踐過程獲得洞察技術發展脈絡關係、優化研發資源配置管理、提昇專利組合品質價值、降低無效專利資源浪費、最大化專利投資報酬率等效益，若能有合適的系統和資料來源相互搭配與整合，可達到事半功倍是顯而易見的。

就如本文前述導入合適專利組合管理工具與安全協作環境是專利組合管理的痛點解方其中之一，專利權人評估是否採用合適的現有系統與工具（或自行開發），需特別留意：（1）是否可以整合上述流程、角色、資料等組成要素、（2）是否可突破不同系統和複數內外資料來源的整合侷限、（3）是否可以提供專利權人依所屬產業和經營管理重點的差異性，客製化配置或微調專利組合的分類分級、評估架構、評估指標、評估流程、評估決策、評估表單、資料追蹤等功能和營運彈性。

▌2.3 結論：制定自己專屬的全生命週期管理方法，實現專利組合的價值

需與讀者強調的是，專利生命週期管理和專利組合管理、專利組合相互關聯且密不可分，藉由融會貫通和靈活運用，整合點、線、面、體的不同維度，以巨量資料支持專利組合的生命週期管理，解放侷限、連續全面，才能讓專利不只是證書和資料，而是有助事業經營的關鍵籌碼與利器。

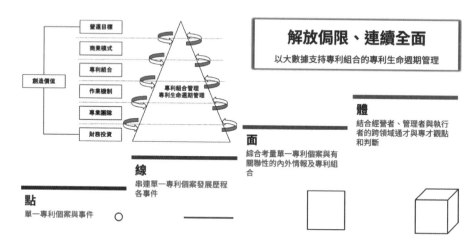

圖 3-27：以大數據支持專利生命週期管理

資料來源：世博科技顧問（WISPRO）

　　用對解方與工具，專利權人就能逐步擬定自己專屬的專利組合管理與專利生命週期管理方法，配合組織營運目標、商業模式、整體策略，藉由與時俱進並敏捷地在每一個案的專利生命週期不同階段評估專利組合，並透過健康的新陳代謝機制動態配置資源（例如：加碼投資、即時停損），如此一來，便能聚焦高品質、高價值的專利組合，毋需耗費龐大資源在大量低品質、低價值的專利，透過運用即時且有效的方法，除了跟上市場變化，更藉此實現專利組合對專利權人可創造價值的意義和用途。

第 4 章

C-Level 經營管理者可輕易
看懂的專利營運績效報告

專利一直以來，都被視為是一個「法律」問題。除了專精於此的法律專家和智慧財產權專家之外，似乎離一般商業人士甚遠。許多企業的經營管理者（C-Level Managements）並不盡然了解專利與公司目標之間的關係，他們有的也許是很模糊的概念，因此常有以下類似的問題：

「為什麼我們申請這麼多專利，還經常被告賠錢？」
「為什麼專利沒有給公司帶來市場競爭力？為什麼我們專利賣不出去、也談不成授權？」
「在專利管理上，我們幾乎只看到專利費用？」
「專利太專業了，我看不出問題細節或整體全貌？」

這些問題的產生，肇因於「專利營運與公司經營績效」的概念與運用，離一般的管理階層甚為遙遠。除了技術長（CTO）、法務長（CLO）、智財長（CIPO）等具有技術或智財專門知識的人之外，許多人認為專利是專業的法律問題。專利的技術性、程序性問題，需要經過專業訓練才能深入了解箇中原理和運用，因此覺得與自身無關。

其實，專利除了技術性內容以及帳面上的專利申請費用與證書多寡以外，透過良好的專利營運是可以很有效的支持公司經營與獲利。良好的專利營運是在第 3 章所述之專利全生命週期的框架下做有目的性的專利組合管理，包括從準備

階段到審查階段就持續有計畫性的為專利的商品化、貨幣化做準備，並且不斷的依照外部的各種動態訊息進行內部專利資產的「汰弱擇優」，建構高品質、高價值的專利組合。

在此營運模式下，除了以發明或專利的「數量」作為評估公司研發能量的指標，應同時考量整個專利生命週期其他的重要指標，例如發明與專利的「品質、價值」、發明轉換成權利的「轉化率」專利最終是否有被「商品化、貨幣化」，取得多少對研發投資的回報（Return On Investment）等重要基礎。

然而，舊時代許多過時的觀念、指標和工具時至今日仍然在運用，阻礙了經營管理者理解問題的根本所在。例如本書第 2 章、第 3 章所提的，至今許多人仍以專利「數量」作為評估專利優劣的優先指標，而忽略專利的品質與價值等關係。因此舊時代的專利營運模式較難支持企業獲利。

這些問題的解方，亟需從兩個層面下手。一是加速普及新的觀念、指標，避免錯誤的方法不斷地傳承下去，始可輕易辨識、評量研發與專利活動並下達有意義的指令。二是需要將專利的資訊與情報彙整成能夠輕易地讓經營管理者理解、掌握和運用的報告（或是儀表板），經營管理者才能夠據此驅動專利投資效益，並提出關鍵問題及找到關鍵變革。

這些解方並非是要讓所有經營管理者都透徹了解專利的事務性知識與運作，而是透過專利資訊與情報，協助經營管理者

了解專利、費用以及資產的關係，抓住幾個對於企業經營高度相關的重點，並輔助做出決策，將會是本章描述的重點。

1. 專利營運的新觀念和新指標 [72]

承前述所言，專利營運的新觀念、指標必須要加速普及。不論是哪一種經營管理者，任務皆是輔助執行長（CEO）擘劃方向與策略，評量組織經營績效，並根據策略執行業務，確保公司的商業目標一致。而專利的資訊與情報如何讓 CEO 了解如何評斷公司經營成效？什麼是良好的專利策略？怎樣才是好的專利經營績效？還是必須要先在各個經營管理者中建立必要的觀念，才能實現效益。要想達到前面的效益，以下三種觀念，對於經營管理者都是首先要建立的：

▍ 1.1 新觀念

1. 以「專利品質與價值」取代「專利數量」：

專利需有品質與價值，才能體現高毛利率、高市占率、貨幣化率等技術與市場價值，而無需聚焦於專利數量。因為即使佈局相當數量的專利，但專利沒有品質，也就沒有價值可言；反之，縱使專利有價值卻沒有品質，該專利也將被潛在貨幣化對象提起無效或不侵權訴訟。因是，用此新指標，

就可解釋為何大部分權利人若以數量為指標營運專利，要享有高毛利率、高市占率，或享有來自專利交易的貨幣化效益，是難以實現的。

過去主要是權利人基於數量並依賴因人而異的主觀各自表述專利績效，但現在有許多開創性的工具可根據各國專利實務，建構「專利有品質才會有價值與價格」的新原理，發展人工智慧和優質資料，可客觀透析所有權利人的專利品質與價值等級以及提供影響專利品質的微觀分析。若採用專利的「品質、價值」，即可以比較並探究自己和競爭者的專利業務成效，進而採取新方法、工具及巨量資料革新專利營運模式，而無需再虛擲資源用專利數量襯托門面，畢竟沒有品質與價值的專利只是紙老虎，當然保護不了自己，也難有市場和技術地位。

2. 以「專利風險可預測控管」取代「專利風險不可測」：

如前所述，亞洲企業的開發多屬於產品發展與工程性質，少有基礎研究（Basic Research）與應用研究（Applied Research），而學研機構雖有基礎與應用研究。但因週期短、預算低、延續性不足等因素，導致前瞻研究難有破壞式創新成果及優質專利組合來驅動創業並支持產業。這些情況導致企業近 40 年來持續在主要國家被告侵害他人專利、被追索鉅額權利金、被迫和解支付買路錢甚至被迫放棄產品與市場。

如今拜賜巨量資料、演算法和雲端協作平台，企業均可於雲端平台建構特定產業的技術結構、產品結構及應用結構，持續監測控管來自第三方的專利風險威脅。採用此新方法，即可及時採取法律、技術及商業手段因應專利風險，進而減免高額律師費、賠償金及權利金，同時無需投入龐大資源應付專利訴訟，也不會搞得人仰馬翻。

3. 以「專利生命週期為基礎的專利組合管理」取代「隨機的專利申請」：

　　全球大多數權利人的傳統專利佈局方式比較像是隨機式、個案式的一件件專利申請來堆砌專利資產。沒有整體性的規劃，導致專利的品質、價值不良、商品競爭力低以及專利貨幣化效益不彰。美其名為專利佈局，實質上比較像是「不連續的隨機個案」，無法體現與產品結構、技術結構、應用結構等實際公司營運之間的關聯，也難以與競爭者比較並評量，更遑論管理費用與效益。其結果就是花了錢，卻未能帶來專利投資效益。

　　專利生命週期管理（Patent Lifecycle Management, PLCM）是專利利害關係人可實施戰略和工具的總和，利用巨量資料整合並支持專利生命週期不同階段，結合嚴謹的評估進行分析，以改進專利組合形成、管理和貨幣化的過程與結果。管理者若能善用專利生命週期管理，不僅能即時掌握

產業技術發展趨勢，還能排除不必要的低品質、低價值專利申請與維護費用，主動促進專利保護和貨幣化，使投資報酬率最大化，從過往苦厄深淵解脫。

1.2 新指標

如第 3 章所述，「專利生命週期管理」主要可以分成準備階段、審查階段、貨幣化階段，在各階段當中有其關鍵活動與相應的關鍵指標，可使企業專利營運績效簡單資料化、圖形化，支持經營管理者透過資料掌握專利營運的現況並可做出相對應的重要決策。

表 4-1：專利營運關鍵活動與關鍵指標

準備階段		審查與維護階段		商品化、貨幣化階段	
關鍵活動	關鍵指標	關鍵活動	關鍵指標	關鍵活動	關鍵指標
技術揭露與評估	技術提案數	全球專利佈局	專利申請區域	專利買賣	專利出售率 / 購買率
前案檢索、專利申請與佈局策略	技術提案的型態、品質、價值指標	專利答辯	專利申請核准率 / 核駁率	專利授權	專利授權率
專利組合管理	智慧財產轉換率	專利組合管理	專利不維護率 / 維護率 專利品質與價值等級	專利質押	專利質押率
				專利訴訟	專利訴訟率
				專利無效	專利無效率

資料來源：賽恩倍吉（ScienBiziP）

1. 準備階段關鍵指標

專利生命週期的準備階段指從發明人啟動技術揭露到專利申請前為止之階段。在此階段，發明人完成技術揭露後，智財人員可協同對每一技術提案進行前案檢索（Prior Art Search）、前沿技術檢索（State-of-Art Search）、可專利性調查（Patentability Search）等調查，據此，依照「專利評量指標」對每一技術提案所揭露技術內容給予型態、品質、價值的量化評量。

例如：藉由量化指標的評量，假設已通過權利人對於專利價值評量指標的前提下，權利人可以對於每一技術提案決定合適的智慧財產型態，若合適以專利保護，則更近一步檢視該技術提案的技術內容是否具備專利品質中的專利性要求並給出相應建議。

若技術揭露的技術內容描述不充分，則建議放棄申請或是由發明人補充後再另外提交技術揭露。倘若技術揭露的技術內容不具新穎性，則不建議申請。技術揭露的技術內容具有新穎性，但是進步性不足，建議針對進步性再進行技術揭露內容細節的補強。如技術揭露的技術內容雖具有進步性，決定提出專利申請前，宜再度檢視在有信心和理由克服進步性挑戰的保護範圍是否仍能通過價值評量。

此外，可進一步透過 Patentcloud 協作平台建立專利資料庫，並依照「產品結構」、「技術結構」、「應用結構」的

分類執行專利矩陣分析，藉由矩陣比較既有專利組合對競爭對手專利組合的競爭優劣勢，判斷發明對此優劣勢的互補關係，並依照產品在產業鏈、供應鏈、價值鏈的定位、商業戰略、專利戰略，據此擬定全球佈局與競爭合作策略。

				技術結構										
產品結構 / 技術結構	冠狀動脈疾病檢測												機器學習技術		數據傳輸協定
	心模型建立									病變偵測	施術規劃	使用者介面設計	訓練技術	建立特徵模型	
	模型種類					建模技術									
	解剖模型			生理模型	血液動力學模型	重建3D影像	影像模型分割	影像模型標籤	定義模型準確率						
	心肌模型	冠狀動脈模型	消化器官模型												
2010-2013 產品結構 冠狀動脈疾病檢測系統															
心電模型模組		37			39				2				2	2	
病變偵測功能模組	1	1		2	1					2			2	2	
治療規劃功能模組										1	5		1	1	
使用者界面												3			
2014-2018 產品結構 冠狀動脈疾病檢測系統															
心電模型模組	11	110		47	107	14	6	4	28	18		5	23	22	
病變偵測功能模組	17	17		23	20					23			6	6	
治療規劃功能模組		3		3	5					8	31		5	5	
使用者界面	1	1						4	3						

圖 4-1：專利矩陣範例圖 - 比較 2010-2013 年間與 2014-2018 年間的專利申請趨勢

資料來源：世博科技顧問（WISPRO）

考量周延的智慧財產形態及專利佈局，不僅避免過度專利化而導致的洩露營業秘密、損害競爭力的嚴重後果，同時，亦可以節省宜以營業秘密進行保護的創新卻誤申請專利的不必要支出，或是浪費預算於與權利人商業模式無關或難以主張權利相關國家的專利申請等。

（1）技術提案數

・技術提案總數

＝部門 A 技術提案總數＋部門 B 技術提案總數＋…

（權利人有分不同部門同時進行研究開發的情況下）

＝發明人 a 的技術提案＋發明人 b 的技術提案＋…

（權利人沒有分不同部門進行研究開發的情況下）

技術提案數為基本的評量指標。透過技術提案數，可以明顯看出權利人全體，或從部門、發明人之間的研發動能的多寡與差異，瞭解權利人整體或不同部門、不同發明人之間在研究開發是否持續有新的研發產出，還是長年以來都是運用既有技術來維持企業或部門既有的產品或服務。

然而，需特別提醒的是，若經營管理者只將技術提案數作為部門研發績效的唯一參考指標，不僅無法跳脫過去「數量優先」的迷思，更甚造成把雜訊當訊號的投資誤判，例如：員工可能會為了獲取技術提案獎金或升遷 KPI 數字，將品質、

價值不好的發明也進行提案，而忽於考量該技術提案是否合適轉換成為專利或是營業秘密，更遑論跟權利人齊心在乎技術提案內容是否可以支持權利人的營運目標與商業模式，並積極促成專利技術成功商品化成為產品，或是以專利授權、買賣、質押等方式成功貨幣化。

　　因此，除了技術提案數以外，還需搭配以下（2）技術提案的技術提案的型態、品質、價值評量指標；（3）智慧財產轉化率一起評量，更能掌握全貌。

（2）技術提案的型態、品質、價值評量指標

- **形態指標：**

  以技術提案的「可觀察性（Observability）」以及「產品調查容易性（Ease of Investigation）」之評量，來判斷適合以何種形態來保護。

- **品質指標：**

  以技術提案「是否具有前案（Prior Art）」初步判斷品質。

- **價值指標：**

  以技術提案「技術的可替代性（Alternatives）」、「產品的成熟度（Product Maturity）」、「技術的成熟度（Technology Maturity）」、「現在商業化使用可能度（Current Commercial Use）」、「未來商業化使用

可能度（Future Commercial Use）」初步判斷價值期望值。

呼應於第 3 章內容中的評估指標內容說明，以型態、品質、價值三大類別設定具體指標，協助權利人對每一技術提案都能以事實和資料輔助，由智財人員與技術人員協同綜合產業、技術與法規相關知識、技能、經驗進行量化評量。而藉由量化的評量分數的評分，智財專責單位可以定期向經營管理者出具評估報告。經營管理者透過此報告，細則看出評量一件技術提案經由人員評估的品質與價值分數，廣則可看出研發人員、不同部門、權利人整體長期的研發成果的品質、價值分布與發展脈絡。

（3）智慧財產轉化率
· 智慧財產轉化率
＝［專利申請（發明、新型、設計）＋著作權＋營業秘密］／所揭露之技術提案總數。

智慧財產轉化率（IP Conversion Rate）可以協助經營管理者理解研發成果是否轉化，以及轉化成什麼樣的智慧財產。

例如：

部門 A 技術揭露的技術提案總數為 1,000 件，其中轉化

為專利申請的數量為 600 件，轉化為營業秘密的數量為 100 件，未進行轉化的數量為 300 件，那麼計算期間的智慧財產轉化率為 70%，包含 60% 的專利轉化率以及 10% 的營業秘密轉化率。

傳統的專利營運模式中較少考慮智慧財產轉化率，可能的原因是因為過去較注重於專利的「數量」，造成專利佈局比較像是隨機、點狀式的「不連續的接續」。然而，在新的營運模式中，若從專利生命週期起點的準備階段就開始對技術提案的品質、價值進行評量把關，以及從權利人之商業模式為目標去進行組合管理，這時可更進一步掌握的就是對發明人所揭露之技術提案內容轉化為專利申請、著作權或是營業秘密的智慧財產轉化率。

即便因產業屬性、競爭程度、智財人員的嚴謹程度、智財預算與戰略等等種種因素之不同，企業與企業之間較難單純比較彼此的智慧財產轉化率高低來評量其優劣，但仍可以作為企業內部專利營運績效評量的參考依據。

2. 審查與維護階段關鍵指標

專利生命週期的審查階段指專利申請、答辯、連續案、部分連續案、分割案、獲准領證等行為階段。此階段高度仰賴發明人於準備階段所完成技術揭露的技術內容，及其相關的品質評估、價值評估相關內部與外部的參考資料。為了提

高專利品質與價值，專利代理人在此階段考慮專利權利範圍的文字、字句的精確性以及其權項組合的涵蓋性與邏輯性，歸納出所屬產業技術領域慣用文字、字句的精確定義、語法及其範疇大小、上下位關係，以及權利範圍主張之獨立項和附屬項之各項組合及其所涵蓋的技術或產品最大範疇與邏輯合理性，使他人難以迴避設計成功。

在專利審查及維護階段也必須持續依照產品、技術、應用領域、產業鏈、供應鏈、國家智慧財產制度的完整性等營運實況，追蹤並監控專利組合以及與競爭者關係，敏捷的依據企業最新戰略與評量結果啟動對專利組合的調整，例如：針對重點技術進行佈局的強化、針對未來無機會進行商品化或貨幣化的技術提案、專利申請或獲證專利進行放棄。

詳言之，在專利申請時，充分利用美國專利臨時申請、各國國內優先權（若有）、巴黎公約國際優先權、PCT 等制度，將相似技術併案申請，後續依據市場及產品發展狀況，考慮進行正式專利申請以及多國專利佈局申請。在專利審查的答辯階段，為了反應產品、技術與商品化實際變化等實況，並提高專利組合貨幣化成功的機率，可以及時評估並善用美國專利制度中的連續案、部分連續案，以及各國專利制度的分案，藉此調整專利組合的保護範圍。甚至在專利獲准公告後，也能利用美國專利制度的再公告（reissue）的作業方式進行權利範圍調整。

（1）專利申請核准率／核駁率

專利申請核准率表示在法律上滿足形式與實質核准條件的專利申請的數量占比，一般選擇發明專利進行計算。我們可以簡單定義為：

· **專利申請核准率＝已審結的專利獲證公告數量／已審結的所有專利申請數量。**

其中，已審結的專利申請通常有四種結果：獲證公告、駁回、主動撤回、視為撤回，在統計專利申請核准率時，分母是以上全部四種結果的總和。相對地，另一項指標，專利申請核駁率可定義為：

· **專利申請核駁率＝被駁回的專利申請數量／已審結的所有專利申請數量。**

作為專利申請的主體，權利人在花費了大量的組織人力、財力與各類資源後，自然希望核准率越高、核駁率越低越好。但問題是，有時專業的專利代理人為了協助權利人盡可能取得較廣的權利範圍（Claim Scope），會故意先以較廣的權利範圍提出申請文件，後續再依照審查委員的核駁意見逐漸縮小權利範圍，直到剛好通過審查委員認可的權利範

圍，使得核駁次數相對較高。

因此，雖核准率與核駁率可以作為整體專利營運的參考指標，但不宜僅片面地追求高專利申請核准率或低核駁率，而忽略專利的品質與價值等關係。需利用專業的佈局、申請策略和執行方法去向審查委員爭取與保留真正有品質、有價值的專利權利範圍。

具體而言，需根據全球產業鏈、創新鏈、投資鏈、併購鏈等即時資訊，動態連結巨量專利資料庫，建立專利生命週期評估機制。而在專利申請與審查期間，接獲官方審查意見後，應評估是否進一步投入資源進行答辯。評估項目至少包括：

1. 對於申請權利範圍涉及的產品與技術、產業鏈、創新鏈及投資鏈，評估技術的可替代性，產品、技術的成熟度，自己以及其他第三方於現在和未來商品化使用的可能性等；

2. 若審查委員發現影響該專利申請案新穎性及進步性的前案，除需管控己方產品之潛在專利風險外，也要分析該專利申請案與前案存在的差異，並結合專利生命週期一開始於準備階段的專利佈局，評估限縮後的權利範圍是否仍可涵蓋先前規劃的產品技術位置；

3. 從後續主張權利的角度看，申請權利範圍的可觀察性、產品調查的容易性等。

（2）專利不維護率／維護率

專利不維護率／維護率表示在專利獲證公告後，於特定時間點統計獲證後仍持續繳納維護費之專利或放棄繳納維護費之專利。我們可以簡單定義為：

- **專利不維護率＝放棄繳納專利維護費之獲證公告專利數量／所有已獲證公告之專利數量。**

專利數量的多寡多少可以說明權利人的研發動能以及企業對智慧財產的投資意願，但是對權利人而言，專利數量多不一定完全是好事，因為專利數量多同時代表更高的專利維護成本。除了專利申請階段的官費與代理費用，若專利持續繳納維護費至期滿，則專利申請在公告過後的維護費用可能比申請費用更高，不一定所有權利人都有豐沛預算持續投入這樣的高額成本，有些權利人在每年放棄的專利數量，甚至比申請的數量更多。

因此，專利申請獲准後，權利人後續是否願意支付費用來維護，也是評價專利價值的重要參考之一。通常而言，權利人會為技術水準和經濟價值較高的專利持續支付維護費而維持其有效性。而由於市場的發展、產品技術的更新換代等因素，在轉換的時間點放棄或轉讓部分專利會是更明智的選擇。

再者，在繳納專利維護費之前，應通過分析專利權利範圍與商品化之使用狀況，並結合產業動態資訊、全球市場、區域分布、產品技術生命週期等實況，評估專利商品化及貨幣化的現況與未來可能性等，再據以確定是否繳納維護費，或放棄不需要的專利。

（3）專利品質與價值指標

除了前述專利生命週期準備階段以人工衡量之技術提案的品質指標、價值指標之外，更可藉由人工智慧技術的自動評估專利的品質與價值指標，來協助權利人衡量與決策。

如第二章專利的品質、價值、與價格中所說明，隨著美國專利資料的開放以及人工智慧技術的成熟，Patentcloud 平台透過機器學習後的資料模型自動評級專利的品質、價值，持續針對指標的有效性進行驗證與校準。

透過 Patentcloud 的品質、價值指標，權利人可以快速掌握自己以及競爭對手專利組合的品質與價值，據此支持在專利生命週期的不同階段的各種任務與決策。

- **專利品質指標：比較專利經第三方搜尋先前技術文獻並挑戰專利有效性的潛在威脅。**
- **專利價值指標：比較對專利公開或公告被實踐於貨幣化的可能性。**（詳見第 2 章）

3. 商品化、貨幣化階段關鍵指標

此階段為將前述階段所累積的專利資產轉為收益的重要階段，也就是申請專利的重要目標，即創造價值。除了自行將專利商品化透過產品、服務的銷售取得營收之外，藉由專利授權、買賣、質押、訴訟等多元模式，獲得在專利生命週期前期的準備階段和審查階段所投資的回報。例如利用授權、買賣等方式將無形資產轉為營收，提高營收與獲利，抑或藉由訴訟禁止競爭者進入某市場領域以確保產品的市占率。

透過定期追蹤專利的貨幣化率，除了觀察前述二階段所累積的專利資產是否有被積極轉化為回報的投資報酬率，更可藉由反饋貨幣化階段的經驗至前述階段，有助於提升技術提案、專利品質、專利價值，進而提高日後的貨幣化成功與成交的機率。

（1）專利貨幣化量化評核指標具體闡述

量化指標若制定合理，能夠清晰的反映專利營運的可見實效。以下分別列舉一些關鍵性指標並闡述其反映的意義，以供借鑒，具體運用中，應結合評量之目的調整或增加合適的評量指標。

a）商品化

· **主營產品所涉及專利占比：主營產品相關專利數／權利人總專利數。**

➤ 主營產品相關專利數量占企業專利總量的比例，或專利相關的主營產品在總品類中的占比，體現專利與企業的主營產品的匹配程度。

· **主營產品的專利覆蓋率：被專利覆蓋之主營產品數量／主營產品總數量。**

➤ 此指標反映主營產品被專利覆蓋的程度。

· **商品化率＝商品相關專利數量／權利人總專利數量。**

➤ 此指標反映現行專利資產中，多少專利被運用於實際商品上。

· **商品化收益率 ＝ 專利商品的收入／權利人同類產品的總營收。**

➤ 此指標反映專利商品化為權利人所帶來的收益佔同類產品總營收的比例。

· **商品化投資報酬率 ＝ 專利商品的收入／專利的總成本。**

➤ 此指標反映專利商品化收入與所花費之成本的對比。

上述「商品」為產品的總和上位概念，實際在製作分析報告時可以運用商業情報（Business Intelligence, BI）工具做不同維度的分析。例如：將專利資料按照部門、產品線、專利的品質與價值、與競爭者之產品技術競合狀態等不同維度進行比較分析。

b）貨幣化

- **貨幣化率＝專利授權、訴訟、買賣交易、作價投資等專利／權利人總專利數量。**
➢ 此指標反映現行專利資產中，多少專利被實際貨幣化。

- **貨幣化收益率＝貨幣化的收益／權利人總營收。**
➢ 此指標反映專利貨幣化為權利人所帶來的收益佔總營收的比例。

- **貨幣化投資報酬率＝專利貨幣化的收入／專利的總成本。**
➢ 此指標反映專利貨幣化收入與所花費之成本的對比。

上述「貨幣化」為專利授權、買賣、訴訟、投資、質押等交易模式的上位概念，實際在製作分析報告時可以運用商業情報（Business Intelligence, BI）工具做不同維度的分析。

例如：將專利資料按照專利授權、專利訴訟、交易買賣、作價投資等不同手段進行分析。

2. C 級經營管理者溝通所使用的專利營運報告

企業的經營管理方面，雖然智慧財產並不一定是 CEO 首要關注的議題，但即便如此，CEO 仍需確保公司的專利策略與商業目標一致，並且至少能掌握以下議題的答案：

- 「公司」中的「專利部門」，掌握「哪些資訊」？
- 「智財預算」是花在「哪些地方」，而所換來的是「哪些東西」？
- 企業的「核心競爭力」是什麼？怎樣藉其提升公司的獲利？當前的資源配置是否合宜？有需要加碼還是停損？

當 CEO 審視專利經營績效時，尚需其他高層經營管理者，例如財務長（CFO）、技術長（CTO）、人資長（CHRO）、法務長（CLO）、智財長（CIPO）等高階主管提供充分的背景資料，來協助 CEO 快速獲得資訊與洞見。透過這些資訊，不僅可解答上述的三項問題，同時也能夠透過相互的分析，近一步審視並篩選出來公司最重要的專利組合。

財務長（CFO）：主掌公司的財務運作，規劃公司的財務策略以及資金調度。在財務報表上，CFO往往只看得到各項費用、負債與資產，但對於研發的費用究竟轉化成什麼資產，或是產生什麼效益，是財務報表上所無法顯現的。

CFO如何把公司的無形資產之價值描述清楚，對於無形資產—尤其是專利—在投資併購、融資擔保所要扮演的角色，同時涉及到的各種國際稅務規劃，將是新時代CFO的重要課題。除此之外，CFO也需要精準評估研發投資是否轉化為可用的專利資產，並據以實施相關的財務規劃，並與CEO、股東、投資人、董事會等利害關係人做良好的溝通。

技術長（CTO）：要能掌握新的技術脈絡，並且透徹了解公司每一項特定技術的發展。並且以智慧財產及專利來檢視研發成果的轉化效率，特別是公司核心技術相關的專利是否優於競爭者；於專利數據分析時，公司的技術是否有清楚的定位與優勢。因此，專利是CTO衡量研發績效的指標之一。

此外，透過專利數據分析，這些技術是由哪些公司或研究機構掌握？有哪些人才？這些人才的具體貢獻是什麼？都是CTO著眼的重點。因此，CTO除了制定公司的技術產品戰略，在人才招募上，也需要與CHRO搭配，挖角專業人才，引天下英才為其所用。

人資長（CHRO）：CHRO 與公司各職位主管搭配，為公司各關鍵位置填補關鍵人才。以招募關鍵技術的發明人為例，CHRO 可以藉由專利資訊找到關鍵技術發明人，觀察發明人是否為特定企業的重要發明人？研發成果是否持續與專注在同一領域？是否為該企業的核心技術？發明成果的相關專利品質與價值為何？歷年的技術脈絡演進為何？比對其他非專利資訊，發明成果過去是否有過商品化、貨幣化的記錄？專利相應產品的營收為何[73]？等資訊，藉此協助各職位主管尋找、辨識、招募關鍵的技術人才。

　　法務長（CLO）／智財長（CIPO）：CIPO 是隨著智慧財產與無形資產在現代公司內地位越趨提昇而分工出來的角色。傳統的公司治理架構下，這兩個角色都是由同一位總法務長（General Counsel）擔任，而如今，CLO 的角色較偏重於法務與法遵；而 CIPO 專注於智財的管理，在專利上較注重專利的品質與價值、專利組合管理與專利生命週期管理。

　　以投資併購為例，對其他公司的投資併購評估，如何精確的得知其專利資產的價值，一直是令人頭痛的問題。由於會計師、財務分析師和律師專業領域的不同，較難動員自己或外部各類專家評估專利的技術及其品質與價值，即使擁有資料，難以針對專利做確實的盡職調查，仍侷限於進行基本專利書目資料這種有形無質的分析，或是以專利數量來決定一個專利組合的好壞。

在投資併購時，CEO 想知道有哪些標的，CTO 需要分析標的公司的技術與專利；CHRO 與 CTO 合作，辨識關鍵技術人才；CLO 與 CIPO 須對併購標的提出完整的評估，了解對方具體的技術特點、品質與價值、可能的貨幣化對象、貨幣化風險評估；CFO 討論投資併購後可能的財務規劃後，提供給 CEO 做出決策。

近年來巨量資料技術發展已逐漸成熟，利用演算法做出的專利分析與評估解決方案的公司已突破上述侷限並解決專利資料運用問題，再搭配上商業情報（Business Intelligence, BI）即時且可互動的資料分析，不僅讓專利專家能更有效的完成投資併購有關的專利資產評估作業，甚至，對於專利不熟悉的 C 級經營管理者，只需要花極少的時間學習，就可以立刻從各式統計圖表中做出決策，運籌帷幄，確實掌握專利的真實價值。

範例：提供給 C-Level 的專利營運績效報告

以 RING 這家公司的專利管理為例，為讀者介紹如何運用資訊互動的視覺化報告看板，有效率的得到不同維度的分析結果，節省製作各種管理圖表的時間。同時，也更深入解析專利的品質價值與競爭者資訊，以戴明循環 PDCA（Plan-Do-Check-Action）循環式管理的方式管理專利資產，讓企業的專利管理與公司治理層面緊密連結。由於費用等資料無法由公開資料庫取得，因此看板中部分內容為虛擬資料，僅供參考。

RING 是一家專門提供智慧門鈴與智慧監控產品的美國公司，在 2010 年被 Amazon 以 10 億美金收購，共申請約 100 多個專利家族。以專利生命週期來看，公司的專利管理可以包含以下五個面向：技術提案管理、申請案管理、費用管理、組合管理以及維權管理。

1. 技術提案管理

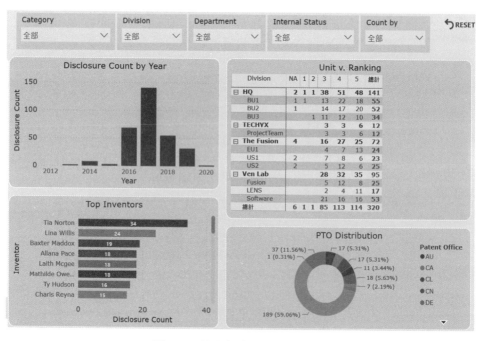

圖 4-2：技術提案管理看板範例

資料來源：世博科技顧問（WISPRO）

一般公司對於技術提案的管理僅止於技術提案件數、提案部門、發明人的紀錄，無法實際確認藝術提案是否有連接公司的營運策略、產品與技術發展。因此，在提案管理看板中，除了對提案部門（Division, Department）以及發明人進行分析之外，再加入技術提案的類別（Category）分析。技術提案的類別可以對應公司進行營運規劃時所列的各種發展項目，以此方式可以隨時了解公司的重點發展項目的各部門技術提案數量指標。

　　例如 RING 這家公司的產品組合中包含了智慧門鈴、無線喇叭、智慧鎖等等。可以在類別（Category）欄位中篩選 RING 的重點產品智慧門鈴，以分析智慧門鈴的技術提案數量是否與商業規劃相符。技術提案類別中可以視需求再加入技術類別與應用類別，更進一步了解提案的分布狀況，並據此調整研發與專利的資源配置。

　　除此之外，權利人亦可對每一技術提案進行可專利性檢索與分析，並依照本章節前述「技術提案的型態、品質、價值評量指標」進行評分（Ranking）。例如仔細確認技術提案內容是否可取得、是否可還原的評估選項，相對於產品不可還原的技術，產品可還原技術較適合申請專利等。對於沒有通過可專利性分析的提案，可以透過提案狀態（Status）持續追蹤是否需要補充資料或是改良設計。在申請區域佈局（PTO distribution）可以隨時檢視特定產品類別的專利提案

是否有對應配合權利人產品的產銷區域或是競爭對手的產銷
區域進行佈局。

2. 申請案管理

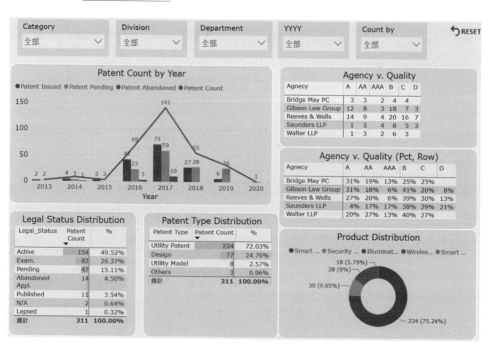

圖 4-3：申請案管理看板範例
資料來源：世博科技顧問（WISPRO）

圖 4-3 所列的申請案管理看板主要分析了專利申請案的
申請類別（Patent Type）、法律狀態（Legal Status）、申請
年（Filing year）等資訊，也可再依照前述加入產品分類、

技術分類或應用分類等項目進行分析。此外，針對已公開的專利，可以再利用第二章節所提之 Patentcloud 的專利品質、專利價值指標資訊進行分析，除了了解自有專利的品質、價值分布之外，也可以評估不同事務所撰寫專利的品質，作為挑選事務所的參考。例如 A 事務所撰寫的軟體專利品質較佳，B 事務所撰寫的機構設計專利品質較佳，以此方式配置最合適的事務所，以建構高品質的專利組合。

3. 費用管理

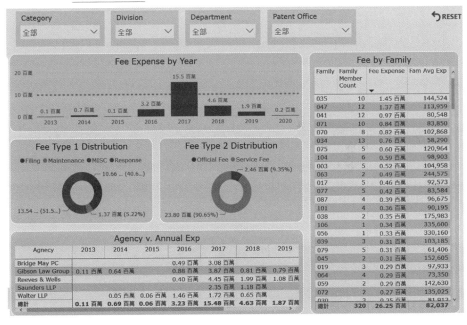

圖 4-4：費用管理看板範例
資料來源：世博科技顧問（WISPRO）

費用管理看板中的分析維度可以包含產品類別、部門、事務所、申請區域、費用類別1（申請費、答辯費用、維護費用）、費用類別2（官方規費、代理服務費）等等。透過各種維度的費用分析，隨時檢視費用的分布狀況，可以更好的規劃資源配置，將較多的資源投入在公司的重點發展項目上。

此外，也可以把未來會發生的費用預估放入費用管理看板中，將已知即將申請專利的申請費用、預估將發生的答辯與維護費用納入管理，以隨時掌握公司專利成本與費用支出。

4. 組合管理

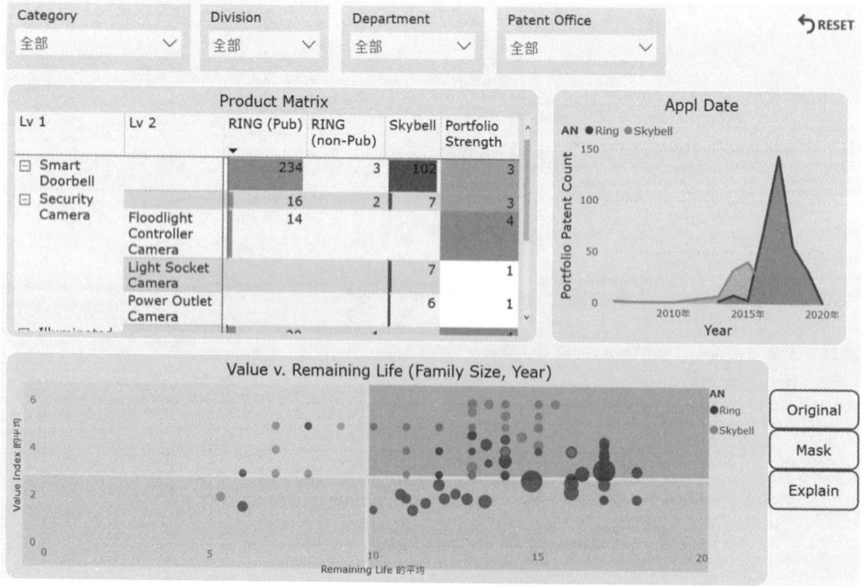

圖4-5：組合管理看板範例
資料來源：世博科技顧問（WISPRO）

權利人可不只看自己的專利組合，而是可以進一步用相同的產品或技術分類架構，同時並列自己和競爭者的專利組合做比較分析和動態追蹤變化，藉此提醒權利人從中發掘機會與威脅後，訂定因應的策略、行動和資源配置來贏得想要的營運目標（不論是競爭或合作）。

例如：運用組合管理看板將公司間的專利進行產品／技術分類後對比呈現，藉此得知智慧門鈴相關專利的申請人除了 RING 之外，還有 Skybell、Vivint、Google 等公司。此外，從看板中可得知，現行已公開的專利佈局中，RING 以及 Skybell 兩家公司共通點在於皆重點佈局於智慧門鈴（Smart Doorbell）這個產品。而且，相較於 Skybell 有在 Level 2 產品的燈座攝影機（Light Socket Camera）以及電源插座攝影機（Power Outlet Camera）這些產品有零星的專利佈局，RING 則完全沒有佈局於這些產品之上。

5. 維權管理

維權管理看板主要用於分析專利權主張與維護的狀況，包含侵權訴訟、專利授權、專利舉發等項目。依據公開資料 RING 公司曾經在 2018 年 1 月被 Skybell 等四家公司在美國提起專利侵權訴訟[74]，同年 12 月，Ring 即對 Skybell 的五件美國專利提起多方複審（Inter Partes Review）於以反擊，最終於 2020 年判定五件全部挑戰成功，五件專利全數被判專

利無效[75]。至 2022 年 10 月為止，Ring 尚未主動對其他公司提起專利侵權訴訟，但後續若 RING 希望透過訴訟或是授權的方式行使專利權，也可以先利用 Patentcloud 的 Due Diligence 模組評估潛在的主張權利的對象，如下圖。

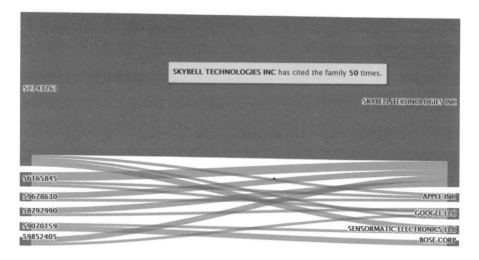

圖 4-6：維權管理看板之評估潛在授權對象範例
資料來源：世博科技顧問（WISPRO）

圖 4-6 中左邊欄位代表 RING 公司的專利家族，右邊代表在其專利中引用了 RING 專利家族的公司，例如，RING 的專利家族號 52343263 被 Skybell 的專利引用了 50 次。以此方式，可以將有引用 RING 專利家族的公司列為專利授權的評估對象。由圖中可看出，除了 Skybell 之外，還有 Apple、Google、Sensormatic、Bose 等公司可以列為潛在授權對象。

除了以上資料，維權管理看板中還可以進一步評估包含專利買賣的可能性。例如，對應前述組合管理看板中的專利佈局，無論是想在短時間補強較為弱勢的產品或技術，或更進一步強化原本的產品或技術上的優勢，又或是進入全新的領域，企業除了投入更多資源研究開發並佈局專利之外，也可以考慮透過交易的方式取得第三方之專利。對於沒有繼續發展的產品或技術，企業可以定期確認是否要放棄或進行出售。專利買賣的管理，除了專利基本資料之外，也可以包含取得成本、出售金額、專利來源、專利流向進行監控分析。

6. 總結

透過上述的各種管理看板可直接與資料源連接，定期自動更新，節省了企業內部重複製作報表所需的人力，讓管理階層隨時掌握公司治理所需的各種專利分析。前面的範例以專利為主，對於商標、營業秘密、著作權以及積體電路電路佈局也可比照類似的概念進行管理。例如，商標管理可以分析每個商標申請的產品或服務類別、使用證據紀錄、商標維權等資訊；營業秘密管理可以分析營業秘密的技術類別、等級、潛在商業價值、營業秘密創作者去向等資訊。

最後，數位化工具提供企業專利管理所需資料與指標，然而管理機制的有效運作並連結企業營運策略則仍需仰賴專業智財團隊的分析與洞見，包含了提案可專利性分析、競爭對手分析、風險分析等。

3. 結論：透過簡單易懂的專利營運績效報告輔助 C-level 基於資料做決策

透過本章節所述的新觀念、新指標，將專利的資訊與情報透過可連動、可互動的數位方式彙整成經營管理者能夠輕易地理解、掌握和運用的報告或是儀表板，對專利營運帶來的改變如下：

1. 有更多時間與心力在戰略制定與決策：

以往要動員不論是公司內外的專利從業人員來評估一間企業或部門的大量專利相當困難，光是花在資料收集、清理和處理的時間，就已足夠耗盡人員的心力。如今依靠巨量資料與機器學習的演算法，可以協助專業人士減少在蒐集、分析專利資料，以及依照同樣格式製作數據報告等的重複性作業，而將專業人員的時間與心力放在資料判讀與挖掘深層更具戰略性的課題上。

2. 以資訊指標輔助經營管理者的重要決策：

新型態與專利資訊連動的專利營運報告與儀表板，可以支持經營管理者掌握各部門每期所編列的智財預算的花費細節以及發明與專利的品質與價值，以及專利生命週期各階段的轉化率。使得專利營運報告不再單純是報告專利「數量」，而是可以從維度的分析中找到可執行的洞察，以資料事實支持經營管理者制定全球經營戰略、做出的重要經營決策。

3. 優化資源配置，提升投資報酬率：

針對整體專利資產的資源投入進行評估。例如綜合考量專利的品質與價值、現有與未來市場的競爭、技術生命週期、專利的商品化或是貨幣化的可能性等因素，配置更多資源於有商品化或是有貨幣化可能性技術，反之針對專利的品質與價值較低且未來無使用預定的專利資產則考慮進行專利資產轉讓或者停止維護。藉由定期的檢視與修正，優化整體資源配置，提升資源的投資報酬率。

第 5 章

無形資產的可辨識、
可比較、可評量

背景[76]

根據 OceanTomo 針對標準普爾 500 強企業編製的一份報告，自 1995 年以來，無形資產的市值已經開始明顯大於有形資產市值，在 2005 年時，無形資產與有形資產的市值比達到 80：20，而 2020 年該比例更進一步提升至 90：10。

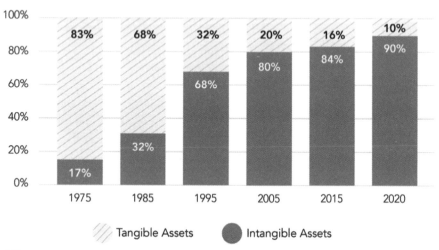

COMPONENTS OF S&P 500 MARKET VALUE

SOURCE: OCEAN TOMO, LLC INTANGIBLE ASSET MARKET VALUE STUDY, 2020

圖 5-1：無形資產與有形資產市場價值
資料來源：Ocean Tomo[77]

儘管上述研究肯定了無形資產的地位和價值，但從「會計學之父」盧卡・帕西奧利[78]（Luca Pacioli）於 1494 年在

威尼斯發表《算術、幾何、比例總論[79]》一書迄今528年來，截至目前的會計制度，不管是在財產目錄或是資產負債表，都仍以呈現有形資產成本/市價為主，而未能呈現無形資產中如專利的合理價值，損益表也看不出研發費用所涉及的無形資產轉化結果等影響企業之重大關鍵，財務報表若仍只停留在無法反映出真實價值的表面數字，則無法幫助各利害關係人做成真正有意義的經濟決策。

要言之，財務報表要能具體體現無形資產的不同維度報表，縱使被認列為費用性質的無形資產例如專利，也能被看到費用轉化到無形資產的結果，而體現專利資產的可觀、可測、歷史足跡等。

隨著人工智慧和巨量資料的發展，目前已經可以透過軟體平台分析專利無形資產組合的各個面向，彌補了按照傳統財務報表無法公允反映專利無形資產價值，以及看不出研發費用所涉及的發明人與專利無形資產轉化結果等不足。

1. 無形資產的可視化[80]

隨著世界從傳統的勞動密集型產業向智慧密集型產業轉移，無形資產－如專利、著作權、商標和商譽－變得越來越重要。然而，現行會計準則並未與時俱進調整相關配套，從而無法在財務報表中公允反映無形資產真正價值。

本章將介紹無形資產的重要性以及在財務報表中認列無形資產價值時所遭遇的挑戰；並以美敦力公司（Medtronicplc）收購以色列醫療機器人公司 Mazor Robotics 為例，說明專利資產可以如何體現於財務報表中。

▎1.1 什麼是無形資產？

有形資產是有實際的物理形式（實體）資產，例如土地、工廠、庫存、設備等；而無形資產沒有實際物理形式，例如專利、商譽或品牌知名度等。針對公司的有形資產已有相當多的原則與規範衡量，然而，對於無形資產，由於缺乏足夠客觀可靠、可記錄在公司財務報表上的支持數據，因此往往在評估上難以展現其真正價值。表 5-1 是有形資產和無形資產的一些例子。

表 5-1：無形資產與有形資產

有形資產	無形資產
房地產、工廠、汽車、建築物、庫存	專利、品牌、商標、著作權、營業秘密、商譽

資料來源：孚創雲端（InQuartik）

▎1.2 無形資產的共同特點

1. 無實體形態

無形資產無法實際接觸或看到。它們或多或少具有概念性質，我們只能嘗試從法律或財務文件中提出它們的存在。

2. 排他性

法律制度規定無形資產的權利人都有規定若干程度的排他權，例如專利、商標等類型的無形資產權利人直接享有排他權，使權利人可以拒絕其他人使用、生產、進口或銷售採用其智慧財產的產品。而著作權、營業秘密等類型的無形資產的權利人，只有在他人抄襲或竊取其想法時，即故意侵權時才會享有排他權。

3 可多重授權

有形資產在同一時間只能被有限的實體所佔有，例如，一間辦公室或一輛車在某段時間內只能同時被有限的人使用。而無形資產只要不與某一方簽訂專屬授權協定，就可以同時授權給無限數量的對象。

▌ 1.3 無形資產的分類

1. 購入型和自創型

無形資產可根據所取得的方式進行分類。這兩種無形資產都可以在財務報表中認列，但由於自創無形資產存在一定的侷限性，導致認列上的困難。因此，大多數無形資產的價值通常都是透過交易來確認。

2. 無限期和有限期

無形資產可分為無限期和有限期的無形資產。例如，公司的品牌名稱就屬於無限期的無形資產，會隨著公司的經營活動而存在。涉及公司聲譽、信譽和可信度的商譽也屬於無限期的無形資產。另一方面，專利、商標或著作權等智慧財產則取決於法律制度，因此屬於使用壽命有限的無形資產。

1.4 無形資產的估值問題

在會計中，無形資產的揭露經常參考國際會計準則第 38 號[81]（IAS 38）所規範的無形資產的會計處理。無形資產的會計要求應為「非貨幣性資產」、「沒有實體形態」和「可辨認性（可分離或因契約或其他法定權利而產生）」。無形資產還應歸屬於企業控制的資源，使企業能夠從中獲取利益，並能夠產生未來經濟利益。

1. 認列

IAS 38 規定，僅當無形資產（不論是購入還是自創無形資產）滿足以下條件時，始能認列該無形資產：

- 可歸屬於該資產之預期未來經濟效益很有可能流入企業；
- 資產的成本能夠可靠計量。

購入無形資產和自創無形資產均適用該規定。不過，IAS 38 還對內部研發形成的無形資產規定了其他認列標準。所有權人應區分資產是處於研究階段還是開發階段，如果處於研究階段，產生的成本應全部費用化，而不會認列為無形資產。如果處於開發階段，產生的成本只有在確定出售或使用資產在技術和商業上具有可行性後，才能予以資本化，因此可以認列為無形資產。

符合相關認列標準的無形資產，首先應按成本計量，然後再按成本或採用重估價模式計量，最後在其使用壽命內系統地進行攤銷。

2. 估值

現行存在多種方法評估無形資產的價值，這些方法及其優缺點包括：

a）收益法

收益法透過「預估」無形資產可能產生的未來收益來估算公允價格。但在評量無形資產時，不同的假設會造成預估差異相當巨大，因此該法與實際結果往往有相當落差。

b）市場價值法

市場價值法係根據相似之交易過的相似資產的市價來評量無形資產的價值。但每項無形資產嚴格來說對每個公司而言都是獨一無二的，也不一定找得到已貨幣化的相似資產來比較。

c）成本法

成本法是根據創造或重置相似無形資產所需的成本來估算資產的價值。然而，由於資產的成本和價值之間存在巨大差距，往往使得估算無形資產的重置成本非常困難。

> 總之，無形資產（尤其是自創資產）的認列和評估通常都很困難和精確度不高。

1.5 現行會計制度的不足

自人稱「會計學之父」的義大利數學家盧卡·帕西奧利（Luca Pacioli）於 1494 年出版《算術、幾何、比例總論》以來，現行會計制度一直停留在反映過去事項產生的價值，而非呈現資產潛在收益和價值的前景上。特別是無形資產，沒有有效的方法來直覺呈現和評估其價值，也沒有方法來說明如何從費用反映資產研發過程的優劣。幾個世紀以來，資產負債表或損益表都無法解釋以下問題：

- 如何評估研發費用的有效性？
- 研發費用產生了多少專利市場價值？
- 如何衡量和量化每位發明人的貢獻？

理想的財務報表應該能夠反映出無形資產的各個層面，以供利害關係人進行評估判斷。

▌1.6 專利是相對可衡量的無形資產

專利資料有著可查閱、可計量和可記錄等特性，且存在於全世界各大專利資料庫中，這讓專利成為了各種使用壽命有限的無形資產中最常見的一種，並能用來對全球公司進行評估、分析和審計，尤其是高科技公司。

其他智慧財產都有一定的侷限性，例如著作權，因為有合理使用和衍伸著作的議題，所以權利範圍不明確。而營業秘密無法公開展示，也不能客觀衡量。至於政府賦予的其他權利，大多不常見或過時已久。

由於專利在全球市場上交易活躍，而且越來越多專利資料現在都可以公開獲取，專利市場流動性和透明度的增加，使得對其價值進行評量的案例逐漸增加。

專利：為何它是最重要的無形資產類型

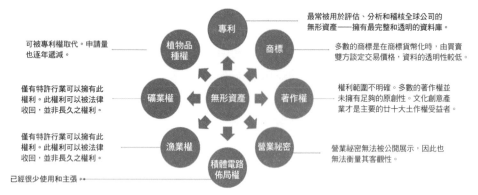

圖 5-2：無形資產的不同形式及其侷限性

資料來源：孚創雲端（InQuartik）

▍1.7 巨量資料分析和人工智慧，視覺化呈現專利資產

由於不確定未來是否能夠帶來經濟利益，現行會計制度往往無法對專利進行正確評估，因此專利資產通常僅包含產生的成本與費用，不僅科學家和技術專家創新努力所取得的成果，實質無法體現在財務報表中，也干擾了研發投資回報率等使用專利資產作為參數的其他比率的計算。 以下，將以Patentcloud 的自動化盡職調查報告（Due Diligence）舉例說明專利資產的一個可能解方。

Due Diligence 利用巨量資料和人工智慧技術，可以有效率且客觀地呈現全球標的公司的專利資產資訊。 例如：專利組合之全球佈局、當前法律狀態、技術概要、權利人 / 發明人 / 申請人、歷史紀錄、品質和價值、品質焦點和價值焦點。

Due Diligence 提供的資料和分析結果可用於以下各項：

- 比較產業內和產業間的專利資產
- 評估各項專利技術及其每年研發成果
- 調查發明人和技術／專利組合之間的相關性
- 審查專利的事件歷史，如申請、放棄、轉讓、質押、訴訟、無效等
- 發現專利訴訟或專利授權的潛在目標

此外，資料和分析結果還能有效解決前述之問題：

- 資產負債表未能正確辨認專利資產
- 損益表未能反映研發活動所產生的無形資產和具有重大意義的關鍵發明人
- 未將內部研發形成的專利組合認定為資產

只有當財務報表能充分反映出專利資產品質、價值時，企業價值評估、企業信用調查、投資和併購才會變得更加準確和具有可比性。Due Diligence 針對專利組合的分析結果，可以為專利研發費用提供有意義資訊，以使當前的財務報表表達更為公允。以下，我們以美敦力公司收購 Mazor Robotics 公司的案例來說明。

案例：美敦力收購 Mazor Robotics

2018 年 12 月 19 日，Medtronic（美敦力）以 17 億美元的價格完成了對 Mazor Robotics 公司（簡稱 Mazor）的收購，這是 2018 年完成的最大宗的醫材產業交易之一。Mazor 成立於 2001 年，開創了機器人技術和指導在脊柱手術中應用的先河。此次收購鞏固了美敦力在脊柱外科機器人輔助手術中的地位。

此份案例分析報告於 2020 年 11 月 6 日完成，但文中所有資料與圖片均取自 Patentcloud 在 2021 年 7 月 2 日所執行的 Due Diligence 報告。

Mazor Robotics 的財務報表

針對如此高額的收購金額，讓我們先來看看 Mazor 的財務報表，以了解公司過去的財務狀況，以及公司的無形資產是否反映在對外報表中。

1. 淨收入

我們從 Mazor 的損益表可以發現，該公司在 2015 至 2017 年期間出現了連續淨虧損。虧損金額在 2015 年為 $1,538 萬美金，2017 年為 $1,241 萬美金。

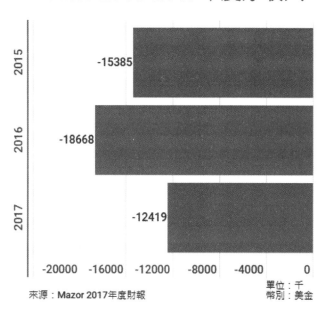

Mazor 2015-2017年度淨收入

- 2015: -15385
- 2016: -18668
- 2017: -12419

來源：Mazor 2017年度財報

單位：千
幣別：美金

圖 5-3：Mazor 2015-2017 年度淨收益
資料來源：Mazor2017 年財報

2. 資產估值

根據 Mazor 2018 年第三季度的財務報表，該公司的權益（Equity）約為 1.11 億美元。然而，17 億美元的收購金額是估值金額的 15 倍以上。毫無疑問，有人會問：一家估值低、連續虧損的公司，怎麼還能以如此高的價格賣出？

顯然，美敦力最感興趣的可能是 Mazor 的無形資產或技術。

表 5-2：Mazor 資產

Mazor 公司資產	2018/9/30 （未經查核）	2017/12/31 （經查核）
負債權益總計	135,367	130,996
總權益	111,741	116,763
總資產	135,367	130,996
流動資產合計	127,274	118,462
非流動資產合計	8,093	12,534
長期投資	968	5,171
財產與設備	4,597	4,323
無形資產	1,676	1,925
其他非流動資產	852	1,115
總負債	23,626	14,233
流動負債合計	23,193	13,819
非流動負債合計	433	414

單位：千元　　幣別：美金

資料來源：Mazor Robotics 2018 年第三季度財務報告與業績

3. 無形資產價值

從表 5-2 顯示，2017 年經認列的無形資產為 192.5 萬美元，占公司總資產的 1.47%，僅占收購成本的 0.05%。因此從財務報表中，顯然並沒有反映出 Mazor 無形資產的真實市值。

4. 研發費用

2008 年至 2017 年期間，Mazor 的研發費用總額（累計）達 4,100 萬美元左右，是其無形資產價值（如表 5-2 所示，192.5 萬美元）的 21.3 倍。

R&D 支出(千美元) vs. 年

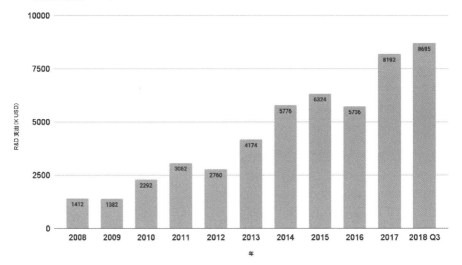

圖 5-4：Mazor 研發費用
資料來源：Mazor Robotics Consolidated Statements 2008 至 2018 Q3。
（InQuartik 整理）

這些數據使人產生疑問：

・研發費用產生了多少無形 / 專利資產市值？

5. 營收區域和類別

Mazor 92% 的收入來自美國，82% 的收入來自銷售各種系統和一次性產品。財務報表只提供了最終的收入總額，而無法將公司的專利價值反應到公司的銷售區域和類別上。

表 5-3：Mazor 的收入分配

Mazor 的收入分配（2017 年 12 月 31 日會計年度）		
總計	64,947	100%
美國市場	59,525	92%
國際市場	5,422	8%
總計	64,947	100%
系統	37,071	57%
耗材	16,246	25%
服務及其他	11,630	18%

單位：千元　幣別：美金

資料來源：Mazor 2017 年度財報

專利資料和分析如何補充財務報表

在查看了前面圖表中看到的所有資訊後，現在讓我們看看盡職調查報告中的圖表和分析，如何提供財務報表中看不到的資訊。

1. 資產負債表

Patentcloud 的 Due Diligence 報告揭示了一家公司的真實專利資產、品質和價值，與資產負債表上列出的「無形資產」帳目名稱相輔相成。

Due Diligence 報告可補充損益表的資訊如下：
1. 覆蓋範圍與狀態：專利權所保護的市場範圍為何？
2. 剩餘使用年限：專利資產的攤銷期限和可持續性。
3. 技術領域：研發費用所投入之資源配置為何？
4. 技術發展時間線：研發投資歷程及技術發展的脈絡。
5. 共同所有人和共同申請人：專利資產是否會有將來的權利限制？
6. 前幾大發明人 / 專利權人：專利資產所涉最具價值的人力資源和控制範圍。
7. 目前專利所有人：專利資產的取得途徑為何，屬於自創型或購入型？
8. 已交易的專利：專利資產過去的貨幣化歷程如何？
9. 涉訟專利：有涉訟紀錄的專利資產為何，企業是否曾以專利獲得大筆賠償 / 授權金？
10. 高價值專利家族：市場覆蓋範圍更廣的專利家為何？
11. 高價值專利品質：高價值高品質的專利數量。
12. 同行比較：與競爭對手相比，公司的技術競爭強度以及專利強度如何？

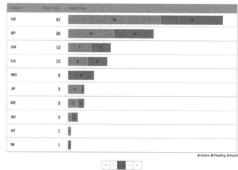

圖 5-5：Mazor 無形資產的專利組合全球覆蓋範圍
資料來源：Patentcloud-Due Diligence

2. 損益表

Patentcloud 的 Due Diligence 的資料儀表板展示了研發和人力資源投入情況，利害關係人能更了解收入、研發與專利資產的過去以及未來關係。

Due Diligence 報告可補充損益表的資訊如下：
1. 剩餘使用年限：無形資產的攤銷期限和可持續性。
2. 正在申請的專利：審查潛在的新專利資產。
3. 技術發展時間線：研發投資歷程及技術發展的脈絡。
4. 涉訟專利：有涉訟紀錄的專利無形資產為何，企業是否曾以專利獲得大筆賠償／授權金？
5. 高價值專利家族：具有高市場覆蓋率的專利家族。
6. 高價值專利的品質：具有高價值專利的專利家族，其專利品質。
7. 同行比較：與競爭對手相比，該公司的表現如何？

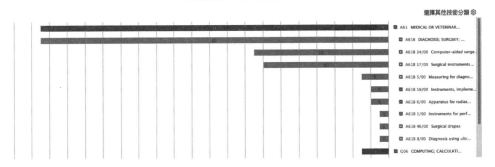

圖 5-6：Mazor 轉換為無形資產所投入的研發成本之比例，以專利數
量與技術分布相關度

資料來源：Patentcloud-Due Diligence

3. 資產負債表附註

Patentcloud 的 Due Diligence 揭露了專利資產的重要資
訊，可實現傳統的資產負債表附註中所缺少的重要關鍵內容。

Due Diligence 報告可補充資產明細表的資訊如下：
1. **覆蓋範圍與狀態**：專利權所保護的市場範圍為何
2. **剩餘使用年限**：無形資產的攤銷期限和可持續性。
3. **技術領域**：研發費用所投入之資源配置為何？
4. **共同所有人和共同申請人**：專利無形資產是否會有將來
   的權利限制？
5. **前幾大發明人／專利權人**：無形資產所涉最具價值的人
   力資源和控制範圍。
6. **目前專利所有人**：專利無形資產的取得途徑為何，屬於
   自創型或購入型？

▌ 1.8 結論

透過人工智慧和巨量資料的軟體平台，能有效分析專利無形資產組合的各個面向，彌補了目前財務報表不能公允反映專利無形資產價值，以及損益表看不出研發費用所涉及的重要發明人與專利無形資產轉化結果等不足。利害關係人可據此獲得標的公司的專利組合評估和分析資料，進一步公司經營、企業併購、企業徵信及無形資產評估中得到據以判斷下一步行動的洞見。

2. 企業併購交易的專利資產盡職調查

透過投資併購，企業爭奪優質專利資產和優秀的研發人才，以推進技術和專利資產組合，一直是企業用以支持其市場競爭優勢的方式。例如：Microsoft 在 2021 年收購 Nuance Communications，獲得該公司人工智慧以及語音辨識技術相關智慧財產與人才 [82]。SpaceX 在 2021 年收購微型衛星新創公司 Swarm Technologies，獲得該公司 120 顆已經在軌道的微小衛星（SpaceBEE）、智慧財產、人才、以及衛星及地面基地站的美國聯邦通信委員會（FCC）營運執照 [83]。

企業進行投資併購時，往往會對被併方進行資料收集、分析並執行盡職調查（Due Diligence）。調查內容包含明確併購標的、釐清核心競爭力、找出潛在風險、彙整協商的依

據、規劃後續整合與資源配置……等。其中，涉及資產盤點時，有形資產如土地、廠房、設備等相對具體可查，而無形資產的盤點則相對較為複雜。

　　無形資產可分為可辨識（Identifiable）無形資產與不可辨識（unidentifiable）無形資產。可辨識的無形資產是由合約或特定法定權利所產生，可被出售、轉移或授權的無形資產，例如：專利權、商標權等。在盡職調查中，會運用國際上幾種常見的鑑價手法，對可辨識的無形資產進行估價，而剩下無法辨識的無形資產，則會歸類於商譽（Goodwill）。

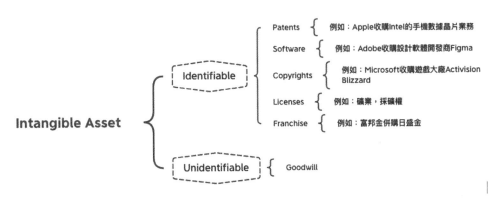

圖 5-7：無形資產種類
資料來源：世博科技顧問（WISPRO）

　　企業的投資併購，依照買賣雙方對於投資併購的目的及價值鏈等所處位置、時間與預算等不同，盡職調查的工作項目、注意重點等也會不同，例如 Apple 收購 Intel 的手機數據

晶片業務的案例，推測主要目標可能是為獲得 Intel 的無線通訊技術與人才，藉此開發自家的數據晶片、或是藉由所取得智慧財產組合來增加對高通談判授權金額度的籌碼[84]。此時對專利與發明人的盡職調查就相對的重要。因此必須從提升企業價值及獲利多元化等機制來思考，來進行各項併購中針對專利的評估，包括專利風險控管、專利佈局組合、專利跨國申請、專利跨國營運及未來貨幣化等。

面對現今產業現況與新冠肺炎後的企業營運趨勢，企業如何將手上的資金透過精準「選題材、擇人才」，有效「佈智財、賺錢財」，將是接下來的決勝關鍵。

- 優化題材，才能接軌國際資本金融與市場；
- 佈局優質優勢的智財，才能賺到資本利得；
- 優化併購後的專利組合與佈局，才能在市場優勢競爭，例如提高毛利率或市占率，而且也有機會賺取專利貨幣化錢財；
- 優化研發人才，用各項人力資源措施，集合、整合及融合各國研發人才，才能發明出高含金量的技術產品，據以支持產銷及貨幣化專利。[85]

▎2.1 投資併購流程中專利評估與營運的關鍵要素

一個完整的投資併購流程可能會包含的步驟，大致上可

以分成三大階段：盡職調查前期（Pre-DD）、盡職調查中期（Due Diligence）、盡職調查後期（Post DD）。

在三個階段中，企業所要思考的問題各不相同。在盡職調查前期（Pre-DD），企業需要了解產業現況，挑選潛在投資併購的對象，並縮小選擇對象的範圍。在盡職調查中期（Due Diligence）階段，企業已經決定好被投資對象，需要了解被投資對象的經營現況與潛在風險。當完成投資併購之後，進入了盡職調查後期（Post DD），也就是要把併購進來的事業單位或公司重新規劃，以調整成更符合投資目的的發展方向。

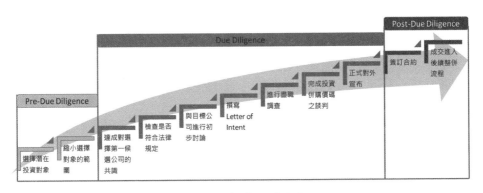

圖 5-8：投資併購流程

1. 盡職調查前期（Pre-DD）

一項新技術或新產品，可能會有好幾家不同公司正在發展中。因此，當企業決定要發產的新技術或新產品之後，首

先要思考的是有哪些公司擁有對應技術或產品。企業的投資併購部門,可能會透過關注產業新聞、市場報告、競爭對手動態、或是透過業界專家介紹,主動尋找可能的併購標的。過程當中,相關的商業新聞、報告資訊等,多數可以從網路或者是付費的第三方資料庫取得。

利用檢索公開的專利資料,可以幫助企業更全面地分析潛在目標所擁有的專利技術。圖 5-9 簡單整理了在盡職調查前期(Pre-DD)階段利用專利分析可能回答的產業相關問題範例。

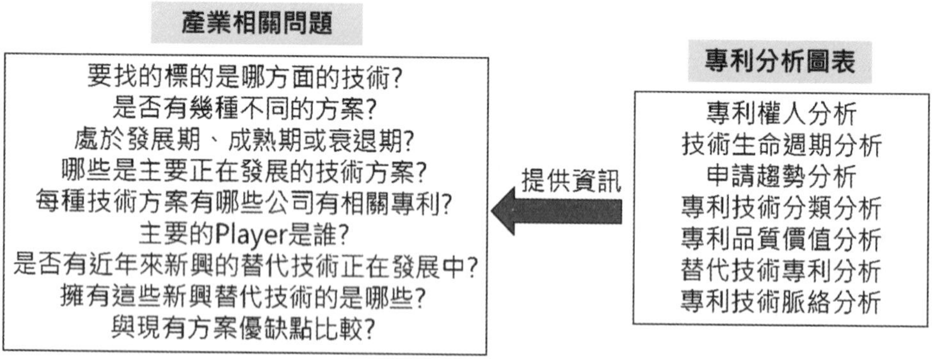

產業相關問題

專利分析圖表

要找的標的是哪方面的技術?
是否有幾種不同的方案?
處於發展期、成熟期或衰退期?
哪些是主要正在發展的技術方案?
每種技術方案有哪些公司有相關專利?
主要的Player是誰?
是否有近年來新興的替代技術正在發展中?
擁有這些新興替代技術的是哪些?
與現有方案優缺點比較?

提供資訊 ⬅

專利權人分析
技術生命週期分析
申請趨勢分析
專利技術分類分析
專利品質價值分析
替代技術專利分析
專利技術脈絡分析

圖 5-9:盡職調查前期(Pre-DD)階段利用專利分析可能回答的產業相關問題

以 MicroLED 產業為例,如圖 5-10 所示。利用專利檢索與分析可以看出,MicroLED 之巨量移轉技術至少包含種方案,分別是元件拾取放置技術、靜電吸附技術、微轉印技術、

磁力吸附技術以及印刷 LED 晶粒油墨技術。主要專利權人各有主要發展的技術方案。利用類似的專利檢索分析方式，可以調查特定新技術與新產品的未來發展方向。

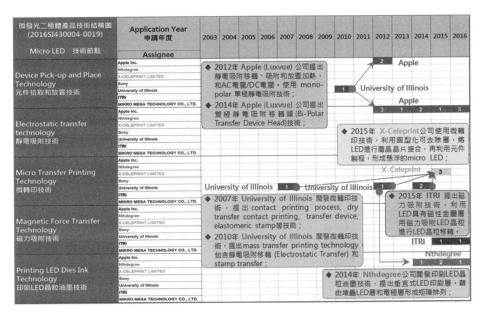

圖 5-10：MicroLED 產業主要技術方案與專利權人

然而，以往對於潛在併購標的專利技術進行調查，通常需由組織內的專利人員進行專利檢索，獲取專利清單後，續與研發人員進行一定程度的技術解析後，再回報給投資併購的團隊。這樣的流程在篩選擁有大量專利及多數潛在投資

併購標的大量待評估資料時，就會面臨人力與效率不足的問題。因此，如何藉由科技的幫助提升檢視專利資產的效率成為重要的課題。

2. 盡職調查中期（Due Diligence）

當選定特定的被投資對象討論投資併購合作時，需要請該被投資對象提供各種資料以進行評估，包含是否合作、投資的模式以及投資金額等等。此階段最重要的是了解該被投資對象的競爭優勢以及潛在的風險。大部分該被投資對象都會誇大自身的優勢，因此需要有更客觀的資料進行評估。利用專利分析，除了可以完整檢視該被投資對象的專利資產以外，也可把該被投資對象與其他競爭對手進行比較分析，協助企業評估該被投資對象的技術。

而經驗豐富的投資併購專業人士都知道，在盡職調查階段中，能夠深入調查的時間是有限的；通常一方或雙方都面臨著盡快完成交易的壓力，有時候文件甚至在最後一刻才提出。此外，賣方或是賣方仲介有可能在所提供的資訊會有所保留，即使提供完整資訊，買方也需在短時間對所提供之資料進行真實性進行驗證。因此，要準確且高效地完成盡職調查，是併購團隊經常面臨的挑戰。

以下介紹企業投資併購時，在專利評估與營運的關鍵要素：

一般專利的盡職調查時間有限，因此需要先了解分析範圍跟時間之後，再規劃所要分析的項目。快速專利分析不涉及專利內容判讀，因此可以在較短時間內完成。競爭優勢分析所要花的時間雖然較多，但是可以提供更深入的分析結果，因此可依時間充裕程度，進行不同方案的選擇。

a）專利基本資訊

在分析潛在投資併購對象的專利組合時，可構建目標公司專利組合相對應的產品的技術結構，分析目標公司、其競爭對手和潛在競爭對手的專利資產與替代技術，並回答關鍵問題例如：

- **專利組合的範圍、全球佈局、法律狀態**：家族專利是否全部都包含在清單中（與盡職調查前期/Pre-DD 的調查清單的差異）？未公開的專利有多少？是否有一部分專利留在其他集團法人？或者是否近期有把重要的專利轉到其他公司？

- **專利的核心技術、替代技術、有效期限**：這些技術是否為投資或併購方所想要的技術領域符合（與盡職調查前期/Pre-DD 的調查是否符合）？其中，哪些技術為投資併購所不可或缺的核心技術？是否有替代技術可以使用？這些技術能還有多長的有效期？

- **權利人／發明人**：專利權利主要權利人為何？是否有子公司也擁有專利？是否有專利有共同持有（Co-own）的情況？同時，專利主要發明人一般為公司重要的研發團隊，因此需要透過專利了解主要研發團隊的成員以及該成員是否仍然任職於公司。

- **專利的交易歷史（包含轉讓、授權、質押）**：專利組合當中是否有轉讓的紀錄？專利是否有授權給第三方？專利若有授權第三方實施，不論專屬授權或非專屬授權，都應了解授權的內容與範圍。此外，若專利有設定質押，可能會影響到後續對專利的所有權，都必須確認清楚。

- **專利訴訟的歷史**：家族專利中過去是否被審查委員核駁或被無效的紀錄？權利項內容被專利及非專利資訊的揭露程度為何？是否能做出使用證據（Evidence of Use, EOU）或是專利侵權對照表（Claim Chart）？此外，若被投資對象有正在進行中的專利侵權爭議，後續專利訴訟敗訴所產生的損害賠償或禁制令，將是很大的潛在風險。因此，需要審慎評估被投資對象進行中的專利訴訟以及潛在的被訴風險。

- **標準必要專利**：專利組合中，是否存在標準必要專利？在全球的佈局狀況為何？宣告專利在相同技術領域的占比？其 SEP 專利的請求項與 3GPP 的技術標準比對

之後的必要性與相關性如何？等。（參閱第 7 章）

- **可能的營業秘密**：觀察專利組合的產品、技術結構推測是否有部分核心技術沒有專利化，而是以營業秘密作保護。若有，則需判斷對該當投資併購的影響程度。

藉由分析目標公司、其競爭對手和擁有替代技術的公司的專利資產組合，掌握並評估它們如何在技術、專利佈局、專利營運等面向彼此的競爭和合作動態關係，不僅可以更深入地了解目標公司在行業中的地位，更支持了在交易前事先規劃併購後的研發和智慧財產佈局與營運。

b）契約資訊

運用各類契約資訊，能夠讓你正確的評估專利權利真正歸屬、專利權利可行使或不可行使的情形、以及其它可能會影響價值將來貨幣化條件。

建議的特別注意的契約資訊包括：

- **權利歸屬**：確認被投資對象之專利申請權、專利權、或實施權之權利歸屬，該對象是否有權處分專利資產？以及雇用、委任、共同研發、學術合作、買賣、工程等契約條款。

專利主要國家如美、歐、日、中、台對共有專利的貨幣化（轉讓、授權、訴訟）行為的法規限制上有差異，

因此必須確認清楚相關契約條款，否則會導致未來共有專利的運用窒礙難行。（圖 5-11）

以台灣專利法為例，A 公司與 B 公司共同研發申請專利。依據專利法第 13 條第 2 項規定「專利申請權共有人非經其他共有人之同意，不得以其應有部分讓與他人。」。因此被投資對象若與其他專利權人有共有專利，需要取得共有專利權人的同意才可以移轉。

共有專利貨幣化-各國法規限制比較　　　　　　　　　WiSPRO

貨幣化項目	限制	美國	英國	德國	法國	中國	日本	台灣
轉讓 (Assignment)	共有者可否不經其他共有者同意將持分轉讓?	○	X	○	○	X	X	X
擔保 (Mortgage)	共有者可否不經其他共有者同意將持分設定擔保?	○	X	○	○	X	X	X
訴訟 (Enforcement)	共有者可否單獨提出停止侵害之訴訟?	X	○	○	○	X	○	△
授權 (License)	共有者可否不經其他共有者同意授權第三者使用其專利?	○	X	X	○	○	X	X
參考法規		35 U.S.C. 261 35 U.S.C. 262 37 CFR 3.1	Sections 8, 12, 36, and 37 of the United Kingdom Patent Act	Section 6 of the German Patent Act	Article L613-29 of the Intellectual Property Code	《專利法》第15條第2款	Japan Patent Act in Article 73	中華民國專利法第六十一條

○	可
X	不可
△	視情況而定

圖 5-11：共有專利貨幣化在各國的法規限制比較

- **智慧財產相關現有契約條款**：其他諸如授權契約、質押契約的詳細條款中是否有潛在的未來風險，專利從業人員須與法律人員搭配，以各種契約的事項檢查表（Checklist）執行內容確認。

c）專利資產管理與貨幣化

對併購所獲得的專利資產的管理和貨幣化，以投資報酬率的公式拆解其組成要素分別衡量可行性和期望值，精心策劃和執行專利戰略與戰術。

首先，從投資觀點檢視，除了透過併購所獲的專利資產的成本，還須進一步估算後續用於維護專利組合及專利貨幣化的各種費用和服務的營運成本或費用支出，並據此推算正確的投資併購價格、投資報酬率等。

建議須留意的費用資訊包括：

- 專利組合之專利生命週期各階段之已發生和預計未來需支付的服務費、官費、維持費。
- 為主張權利（如侵權訴訟）或維護權利（如無效爭訟）而支付的服務費、專家服務費。
- 專利相應的各年度研發費用。

同時，從報酬觀點出發，在併購前，收購方需要定義併購後的專利技術市場，分析專利在產業價值鏈的位置與分布，並據此規劃未來的專利營運與貨幣化業務機會與威脅、營運目標、可達成目標的交易模式與行動方案等，包括再投資、合資、專利出售、參與第三方營運的專利池、授權、交互授權或發起專利侵權訴訟，以期將藉此獲得股權、買賣價金、權利金和損害賠償等價值與營收。當然，在併購後，為

了達成前述併購前所規劃的營運目標，需持續綜合內外情勢發展與變動，高效執行專利組合營運和貨幣化。

建議須著手分析的資訊包含：

- 專利在創新鏈、投資鏈、併購鏈的位置。
- 專利在產業鏈、供應鏈的分布以及競爭者的專利分布。
- 可能的降低費用的方式。
- 可能的貨幣化交易模式。

綜合上述報酬和投資兩項組成要素，可進一步衡量併購的總投資額（交易當下所需成本＋交易後營運所需成本費用）。此外，為了持續擴大專利貨幣化的投資報酬率並從中獲利（Return on Investment），收購方可從開源節流雙軌並進，例如：識別並淘汰併購後不再需要或難以貨幣化成交的專利以降低營運成本與費用，抑或為了促成更多的專利貨幣化帶來的報酬，而從此目的發動自行研發並佈局專利，或另購買補足專利組合中缺失的專利，以致最終能獲取對於投資併購更高的淨收入。

d）專利品質與價值資訊

目前多數人在評估一間公司的專利組合時，依然是用量來評估而不是質。然而多數的專利組合皆有濫竽充數的情況，因此，在評估專利組合時，應該專注在專利品質與價值上，

並對涉及關鍵技術的專利進行專家分析，分析之重點例如：

- 專整體的品質與價值分布。
- 專利組合的專利與非專利前案，與其揭露程度。
- 同領域其他專利權人相似技術領域的專利品質、價值。

如第 2 章所述，專利品質主要指權利有效性強度，而專利價值，主要指權利將來貨幣化的可能性。專利需先有品質，才會實踐專利的價值與價格或者公司的價值。

另外，也需要注意專利為權利人或第三人商品化資訊，例如醫藥專利商品通過新藥上市許可（美國 FDA 橘皮書）或者醫藥專利商品在 FDA 審查第二或三階段、通訊標準必要專利（5G SEP），因為沒有實施商品化的專利，即奢談貨幣化。

3. 盡職調查後期（Post DD）

當完成併購之後，被併購的事業單位一般會被重新規劃，以調整成更符合投資目的發展方向。再重新規劃時，會將被併購的資產劃分成核心技術與非核心技術。針對核心技術會投入更多資源進行發展；而非核心技術可以透過出售等其他方式再活化資產。針對專利的部分可以將現有的專利考慮各種貨幣化可行性，包含權利主張、交互授權或是專利組合出售。對於核心技術，也可以規劃未來智慧財產佈局的方

向，例如圖 5-12 所示，除了專利佈局之外，也可以更廣泛地思考其他智慧財產保護方式（例如營業秘密、商標）。

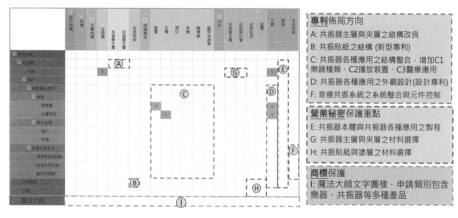

圖 5-12：智慧財產佈局規劃

2.2 人工智慧輔助的專利盡職調查

除了 InQuartik 的 Patentcloud 智慧雲端專利平台外，市面上的其他專利情報系統如 LexisNexis 的 PatentSight、Clarivate 的 Innography 和 Gridlogics 的 Patseer 等專利情報平台，有助於減少過去所需的一些勞動密集型分析，使專利人員能夠更有效率地獲取分析和洞察貢獻於調查團隊中，或者讓沒有專利背景的人士也能簡單藉由工具獲取分析報告與洞察以進行重要判斷。這些工具可提升企業收購或合併的調查資訊快速準確。簡言之，專利巨量資料分析將改變併購交易中盡職調查的方式及併購後的專利管理。

以 Patentcloud 的盡職調查（Due Diligence）為例，透過機器學習技術，可從專利資料庫中立即產生各國專利資產的盡職調查報告，包括專利權覆蓋國別、剩餘年限、法律狀態（包括申請中、有效、失效、屆滿等）、技術類別與分布、共同持有狀態、發明人及其歷年專利申請趨勢、專利交易及訴訟紀錄，包括轉讓、質押、授權，專利組合的潛在品質問題（在審查中或複審階段被挑戰的專利適格性／新穎性／進步性／明確性問題），以及品質價值等級及其與同領域專利技術和專利權人的脈絡關係，包括潛在的貨幣化對象、同業專利發展脈絡以及同業引證脈絡等。

　　透過系統性的方式處理最簡單層次的資料蒐集與聚合，可以有效避免人工進行蒐集的盲點，快速而全面的透析目標專利資產。藉此資料輔助的方式，專利或非專利人員可將時間與心力在資料判讀與挖掘深層問題上，更確保在有限時間與成本下，盡可能挖掘、發現所有潛在的問題與焦點。

　　人工智慧輔助的專利資產分析平台可以為併購交易中的利害關係人利害關係人提供有價值的見解和視覺化證據，不用再手動收集原始資料。高階主管將能夠快速獲得更全面的決策視角，這是傳統的專利盡職調查方式中無法達到的。

案例：Mazor Robotics 公司的專利組合盡職調查

　　為了展示如何使用 AI 輔助的工具進行專利盡職調查，

我們繼續以美敦力對 Mazor Robotics 收購案的分析，並使用 Patentcloud 的 Due Diligence 分析 Mazor 的專利資產。分析日期為 2021 年 7 月 2 日。

1. 專利資產

透過 Due Diligence 分析，發現該公司有 37 個專利家族，其中包括 111 件專利申請，這可能歸功於 Mazor 過去幾年的研發成果。

正如前文所述，Mazor 2008 年至 2017 的研發費用總額約達 4,102.9 萬美元。而該公司最早的專利申請紀錄可以追溯到 2000 年，反映出實際發生的研發費用比公開財務報表顯示的還要多。

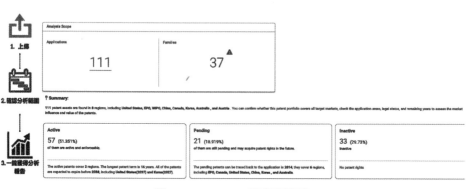

圖 5-13：Mazor 的專利資產

資料來源：Patentcloud-Due Diligence

2. 專利組合區域佈局

Mazor 全球 111 件專利申請中，大多數是在美國專利商標局申請的，美國專利佔 Mazor 已公開專利組合總數的 34%，其次是歐洲和中國，分列第二和第三位。如前文所述，該公司 92% 的收入來自美國市場，Mazor 專利組合的區域佈局和國別選定與收入來源高度正相關，即便來自歐洲和中國市場的收入占比還不高，但從 Mazor 專利組合區域佈局的資訊顯示，Mazor 事業版圖的企圖心也鎖定了歐洲和中國市場以期成為未來潛在的主要收入來源。

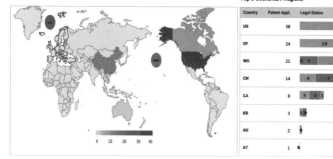

圖 5-14：Mazor 的專利組合區域佈局綜覽
資料來源：Patentcloud-Due Diligence

3. 有效中專利的剩餘年限

　　下圖顯示了 Mazor 專利組合中的有效中專利的剩餘年限，同時也反映出專利組合在各區域市場的權利持續性。到 2028 年，也就是收購後的第 10 年，該公司在美國、歐盟、中國和加拿大的大部分專利仍將處於有效狀態，這表明該公司具有可持續性之專利組合。

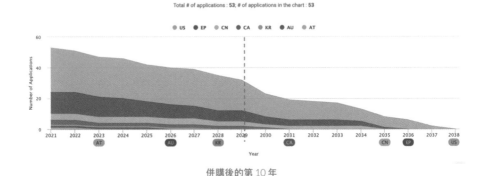

圖 5-15：Mazor 有效中專利的剩餘使用年限

資料來源：Patentcloud-Due Diligence

4. 申請中專利

　　申請中專利由於只能代表尚未獲證的專利，因此常常被忽視。不過，除了看申請中的專利數量外，此類專利還能提供研究方向、公司正在開發的技術等資訊，從而使人們瞭解公司的未來發展方向。

圖 5-16 提供了此類專利的申請年分布，過久的專利申請及未來的潛在申請、審查與維護費用將被凸顯。此圖亦特別點出 PCT 申請案及國家階段可引用優先權時限，供全球佈局參考。從圖中我們可以看出，收購的當下 Mazor 還有一些申請中專利。

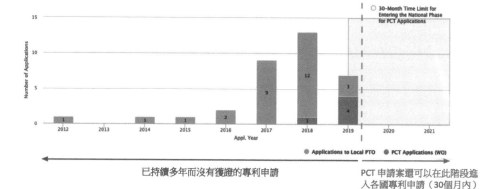

圖 5-16：Mazor 的申請中專利現狀

資料來源：Patentcloud-Due Diligence

5. 技術領域分布情況

　　圖 5-17 凸顯了專利組合中的專利所涵蓋的主要技術領域，使我們對該公司的技術分布有一個大致的瞭解。因為 Mazor 開創了機器人手術系統的先河，其專利組合主要包含醫學或獸醫學（A61）技術領域的專利。

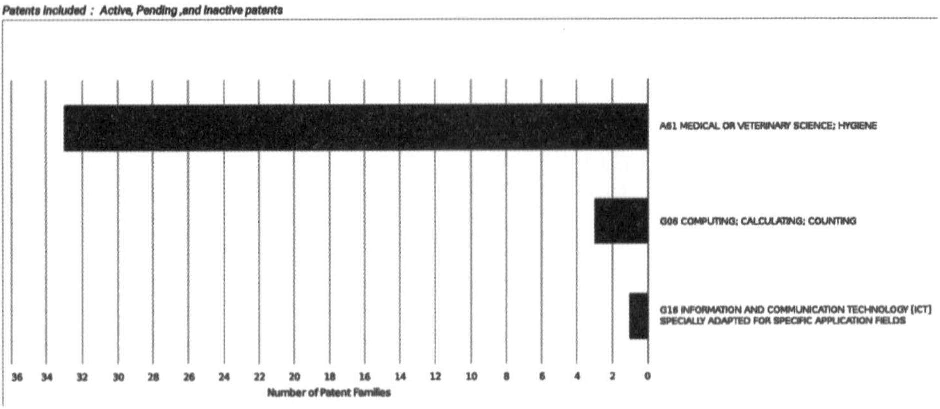

Patents included : Active, Pending ,and Inactive patents

圖 5-17：Mazor 專利所涵蓋的技術領域分布情況

資料來源：Patentcloud-Due Diligence

6. 研發重點演化

　　研究重點演化圖可以讓我們瞭解各技術領域的專利申請時間分布，具體地，可透過此圖表挖掘該申請人（或發明人）的研發重點推移。從圖 5-18 中可以看出，自 2001 年 Mazor 成立以來，診斷（A61B）技術一直是其主要的專利申請領域。2016 年，該技術再次成為主要申請領域，但當時在傳統財務報表中認列的無形資產未能看出費用變動的原因，以及費用與專利資產之間的關係如何。

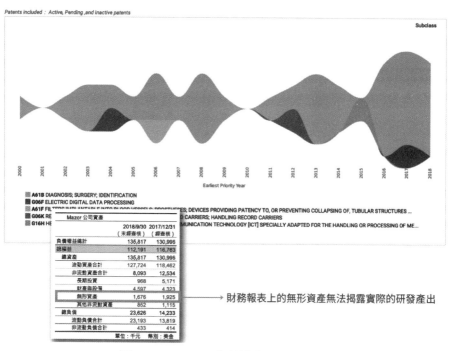

Subclass

Earliest Priority Year

■ A61B DIAGNOSIS; SURGERY; IDENTIFICATION
■ G06F ELECTRIC DIGITAL DATA PROCESSING
■ A61F FILTERS IMPLANTABLE INTO BLOOD VESSELS; PROSTHESES; DEVICES PROVIDING PATENCY TO, OR PREVENTING COLLAPSING OF, TUBULAR STRUCTURES ...
■ G06K RE...   ...D CARRIERS; HANDLING RECORD CARRIERS
■ G16H HE...   ...MUNICATION TECHNOLOGY [ICT] SPECIALLY ADAPTED FOR THE HANDLING OR PROCESSING OF ME...

Mazor 公司資產	2018/9/30 (未經審查帳)	2017/12/31 (經審核)
負債權益總計	135,817	130,996
總權益	112,191	116,763
總資產	135,817	130,996
流動資產合計	127,724	118,462
非流動資產合計	8,093	12,534
長期投資	968	5,171
財產廠設備	4,597	4,323
無形資產	1,676	1,925
其他非流動資產	852	1,115
總負債	23,626	14,233
流動負債合計	23,193	13,819
非流動負債合計	433	414

單位：千元　幣別：美金

→ 財務報表上的無形資產無法揭露實際的研發產出

圖 5-18：Mazor 專利技術發展時間線

資料來源：Patentcloud-Due Diligence
（InQuartik 整理）

7. 共同所有人和共同申請人

透過圖 5-19，我們可檢視該專利組合的共同所有人或共同申請人，這可能會限制以後的專利交易和實施，可能還需要對合約和相關條款進行審查。資料顯示，Mazor 沒有共有專利，只有一件共同申請專利，因此未來將幾乎沒有權利局

限性，這對收購者來說是極其重要的。

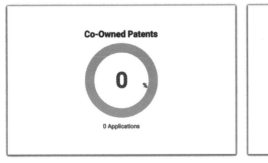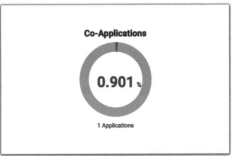

圖 5-19：Mazor 公司的共有和共同申請專利情況

資料來源：Patentcloud-Due Diligence

8. 前幾大發明人和專利權人

　　除了專利資產，發明人負責構思發明和專利資產，因此被視為科技公司最重要的資源。對於併購而言，關鍵是要調查前幾大發明人是否還在為該公司工作，否則公司持續創新的可能性就會受到質疑。

　　資料顯示主要專利權人是 Mazor 自己，這表明該公司在沒有藉助任何外力的情況下獨立開發和控制了其大部分專利組合。

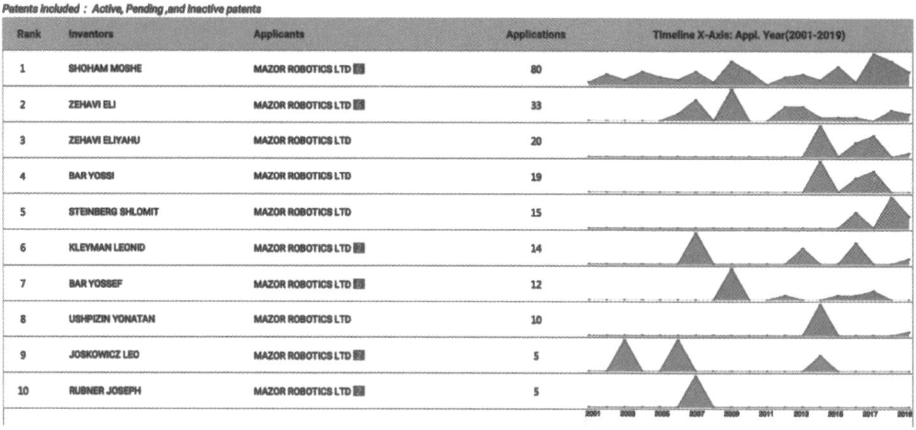

Patents included : Active, Pending ,and Inactive patents

Rank	Inventors	Applicants	Applications	Timeline X-Axis: Appl. Year(2001-2019)
1	SHOHAM MOSHE	MAZOR ROBOTICS LTD	80	
2	ZEHAVI ELI	MAZOR ROBOTICS LTD	33	
3	ZEHAVI ELIYAHU	MAZOR ROBOTICS LTD	20	
4	BAR YOSSI	MAZOR ROBOTICS LTD	19	
5	STEINBERG SHLOMIT	MAZOR ROBOTICS LTD	15	
6	KLEYMAN LEONID	MAZOR ROBOTICS LTD	14	
7	BAR YOSSEF	MAZOR ROBOTICS LTD	12	
8	USHPIZIN YONATAN	MAZOR ROBOTICS LTD	10	
9	JOSKOWICZ LEO	MAZOR ROBOTICS LTD	5	
10	RUBNER JOSEPH	MAZOR ROBOTICS LTD	5	

圖 5-20：Mazor 的十大專利發明人和專利權人

資料來源：Patentcloud-Due Diligence

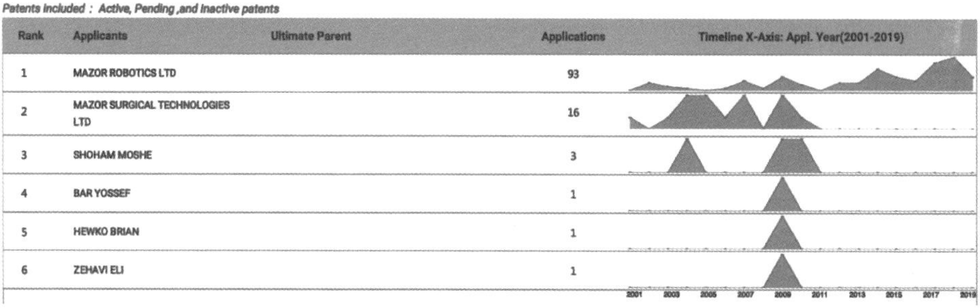

Patents included : Active, Pending ,and Inactive patents

Rank	Applicants	Ultimate Parent	Applications	Timeline X-Axis: Appl. Year(2001-2019)
1	MAZOR ROBOTICS LTD		93	
2	MAZOR SURGICAL TECHNOLOGIES LTD		16	
3	SHOHAM MOSHE		3	
4	BAR YOSSEF		1	
5	HEWKO BRIAN		1	
6	ZEHAVI ELI		1	

圖 5-21：Mazor 的前十大專利申請人

資料來源：Patentcloud-Due Diligence

9. 當前專利所有人

圖 5-22 列出了當前的專利所有人，以及專利由專利所有人申請和從第三方購得的情況。我們可以看出，Mazor 自己內部開發了 103 件專利，而從其他公司購得的專利只有 1 件。該資訊清楚地表明，當時 Mazor 在研發和人力資源方面具有相當大的實力。

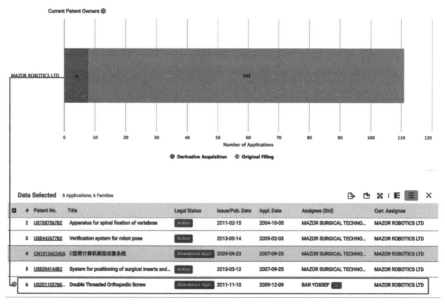

圖 5-22：Mazor 專利的目前所有人

資料來源：Patentcloud-Due Diligence

10. 曾交易過的專利

圖 5-23 著重顯示了該公司已經交易的美國和中國專利。

交易可能代表市場對專利價值的認可，但也可能代表未來專
利交易和實施中可能產生的侷限性。從紀錄中可以看出，有
一件專利是另一方轉讓給 Mazor 的，而 Mazor 卻沒有將其專
利轉讓給任何人。由此可以推斷，Mazor 將無形資產的利用
重點放在了增強產品競爭力上。

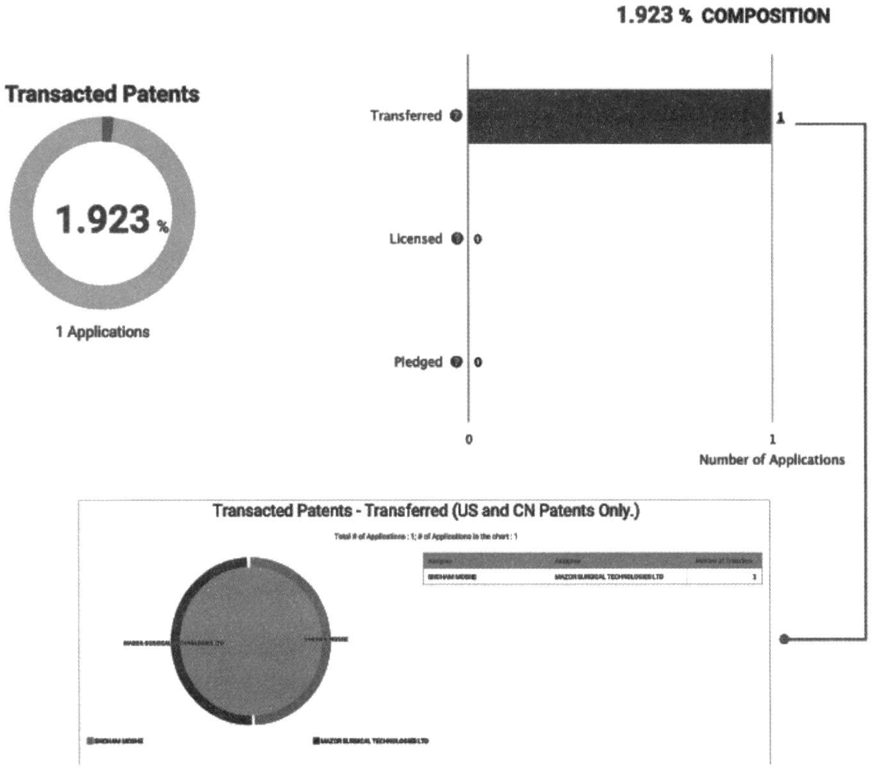

圖 5-23：Mazor 以前的專利交易情況

資料來源：Patentcloud-Due Diligence

11. 涉訟專利

圖 5-24 顯示了該公司在美國各級法院的涉訟狀態,目前尚無涉及訴訟之專利。

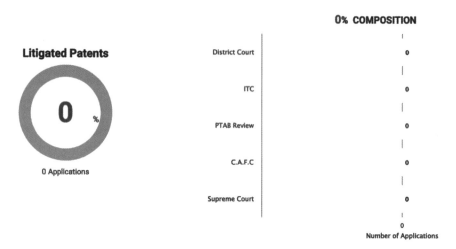

圖 5-24:Mazor 曾涉及的專利訴訟案

資料來源:Patentcloud-Due Diligence

12. 高價值專利家族

圖 5-25 顯示了專利家族組合的專利價值評估情況,專利價值可反映專利貨幣化和商業化的趨勢。Mazor 77.4% 的專利都是 A 級以上,超過 58% 的專利在四個以上的專利局申請獲證,這可能表示該公司專利在許多區域市場都有較大的貨幣化或商業化趨勢。

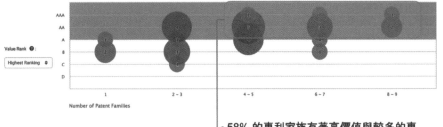

58% 的專利家族有著高價值與較多的專利佈局

圖 5-25：Mazor 的高價值專利家族

資料來源：Patentcloud-Due Diligence

13. 專利組合的品質和價值

專利品質指標旨在預測一件專利被找到現有技術參考文獻的相對可能性，這可能會威脅到專利的有效性。價值指標旨在預測一件專利在公告後被應用或貨幣化的相對趨勢，Mazor 14% 的專利的品質和價值排名都在 A 級以上。Mazor 14% 的專利的品質和價值排名都在 A 級以上。

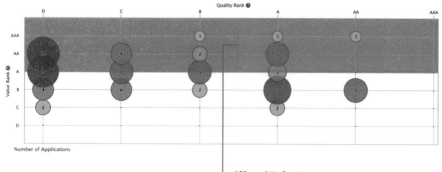

鑽石級專利：14%專利具有高品質與高價值

圖 5-26：Mazor 專利組合中的鑽石級專利

資料來源：Patentcloud-Due Diligence

14. 同行比較：Intuitive Surgical Inc.

要看一家公司能否產生比同行更高品質和價值的專利資產，關鍵是與同一領域的其他公司進行同行比較。圖 5-27 為 Patentcloud 對專有專利進行的品質和價值排名，以與競爭對手的專利組合進行比較。將 Mazor 的專利與直覺公司的專利進行了比較，Intuitive Surgical Inc. 是著名的達文西系統的開發商，其收入是 Mazor 的 48 倍。雖然 Mazor 的業務規模較小，但與 Intuitive Surgical Inc. 的專利相比，其專利的整體品質排名仍然更好，但價值排名差異不大。

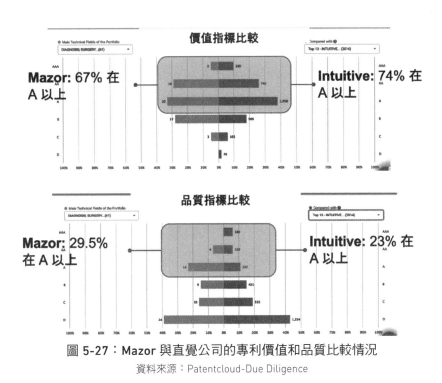

圖 5-27：Mazor 與直覺公司的專利價值和品質比較情況

資料來源：Patentcloud-Due Diligence

結論

在大量資訊流通而需快速判斷的時代，公司併購的專利
盡職調查越來越具挑戰性。數位平台工具使有併購需求之各
方人士能夠以更高的效率做出明智的決策。收購方可以獲得
目標專利資產的清單以及對其品質和價值的評估，在正式盡
職調查之前收集對交易至關重要的訊息。

這為收購方帶來許多優勢。它讓收購方有更多的時間和

資源來驗證和評估目標公司的專利組合，從而更有能力做出正確決策以保護其投資。如果目標公司未能為某些專利資產提供適當的文件證明，收購方亦可以用以作為談判出價的籌碼。最後一點，商業交易若同時考量到專利戰略，將能透過專利貨幣化獲得更多利益，例如針對合併後不再需要的專利進行出售或授權。

本文展示了盡職調查從業人員能如何使用數位工具簡化工作。通過將巨量資料轉換為報告和視覺化圖表，能使專利專業人員的專利查核和評估更有效率，並幫助不熟悉專利的利害關係人更快速的理解消化資訊。

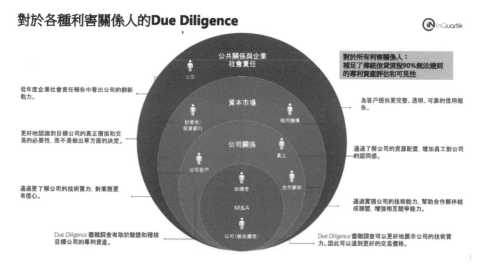

圖 5-28：Due Diligence 的利害關係人

資料來源：孚創雲端（InQuartik）

3. 美國和中國公開發行（IPO）的專利盡職調查

近年來，美股市場首次公開發行（Initial Public Offerings, IPO）規模屢創新高，根據投資顧問公司文藝復興資本（Renaissance Capital）的資料[86]，美國 2021 年第二季度的上市公司數和發明規模皆創下新高。2021 年上半年 IPO 數量達 215 宗。在 2021 年第二季度單季市場總募集了 407 億美金，創下二十年來的紀錄。中國方面，2021 年上半年新股達 245 支，比去年同期增長 106%[87]。

隨著越來越多的公司透過 IPO 募集資金，流程中重要無形資產盡職調查的需求正在快速地增加。依 1933 年證券法（Securities Act of 1933），在美國進行 IPO 時，公司應於註冊聲明中將其業務、資產、負債及財務報表揭露於美國證券交易委員會（U.S. Securities and Exchange Commission, SEC），其中也包括了公司的智慧財產權。未能在公開上市前充分揭露智慧財產等無形資產，可能會導致股東對公司採取法律行動。透過對無形資產的充分檢視，可以在上市申請前降低相關風險。

在中國，智慧財產權（中國稱知識產權，下與中國相關者以知識產權稱之）盡職調查對於公開上市亦至關重要，特別是業務上高度依賴知識產權的科技公司。中國《首次公開發行股票上市管理辦法》[88]明確規定，企業在取得或使用商

標、專利、專有技術或特許經營上，若存有影響獲利能力的巨大風險，不符合上市資格。

對於尋求在中國科創板（STAR）上市的公司而言，妥善處理知識產權問題是成功 IPO 的重要因素。科創板成立於 2019 年 6 月，旨在為高科技創業公司提供資金，並要求披露公司業務及其技術，其中涉及知識產權審查。根據針對上海證交所資料的調查資料顯示，截至 2020 年 7 月 23 日，申請科創板上市的 33 家公司中，有 17 家的申請因知識產權相關原因被終止 [89]——這代表知識產權是登陸科創板所必須面對的課題，對於科技新創公司尤其如此。

尋求公開上市的公司，無論是在美國還是在中國，都需要嚴格審查自身的智慧財產權組合，以確保訊息的準確和完整。在本章中，我們將分別討論在美國和中國進行 IPO 盡職調查時需要考慮的面向。在此提醒，此處將針對概括性原則說明，實際盡職調查過程的範圍和細節取決於每個案例的情況。

▎3.1 在美國首次公開發行的專利盡職調查

基本的 IPO 專利盡職調查包括自由營運檢索以及製作專利盤點目錄。前者是為了確保公司在不侵犯他人專利的情況下開展業務，後者是審查公司持有的專利是否能支持公司所主張的權利。

1. 自由營運檢索

由於首次公開募股要求公司公開揭露其業務及其智慧財產權資產，因此有必要進行深入分析以辨識及管理侵犯智慧財產權的風險。自由營運分析的目的是確保公司在不侵犯第三方智慧財產權的情況下，具備製造、銷售產品或提供服務的能力。理想情況下，公司需要從營運的第一天起就確保營運自由。

自由營運檢索需要界定分析範圍。其中一個目標是確保公司的業務受到智慧財產權的充分保護。至少要針對主產品和所使用的主要技術做分析，確保公司專利或申請中的專利有涵蓋這些產品和技術。檢索的素材應包括研發階段的專利和非專利文獻，必要時需要發明人揭露細節並與他們進行訪談。

下一步是進行專利檢索，以查找公司可能侵犯的第三方發明。如果專利檢索發現了可能導致自由營運出現問題的專利，則需要由專利專業人員進一步分析，以評估風險程度及其相應的風險因應措施、風險控管配套等。

2. 專利財產目錄

專利財產目錄是智慧財產權盡職調查過程的一部分。申請上市的公司需要收集與其權利相關的材料，包括資產和負債，並驗證資產的有效性和可執行性。最後一項對於將專利作為主要業務基礎的公司尤其重要，例如生技醫藥行業的公司。

需納入盤點的專利應包括但不限於以下：

- 申請上市公司其業務上使用的技術清單和該公司擁有的相關專利清單。

- 該公司擁有的所有專利、專利申請和相關文件申請，無論這些專利最初是由該公司研發申請或是由第三方轉讓而來。相關文件也包括美國專利商標局、其他司法管轄區的審查機構或是和其他方之間的通聯紀錄。

- 所有涉及對外授權給其他企業的專利，以及其他公司授權給該公司的協議，並附上通聯紀錄副本。

- 涉及該公司的所有專利轉讓協議。

- 涉及該申請上市公司專利主張、訴訟或威脅提告有關的所有文件、通信和其他文件。

- 涉及第三方對該公司的專利提出質疑的所有文件和其他文件，例如第三方複審程序。

- 對該公司的專利做出貢獻的員工名單及相關員工之簡歷。

- 該公司與員工之間或公司與外部合作者之間的轉讓協議。

- 所有與專利有效性、範圍、可執行性或自由營運分析相關的文件，無論是由該公司還是由外部諮詢公司進行。

3.2 中國 IPO 專利盡職調查

隨著中國科技公司數量和價值的不斷增長，科創板
（STAR）於 2019 年 6 月誕生，以支持具有尖端技術的企
業，並得到市場的高度認可。重點發展下一代信息技術、高
端裝備、新材料、新能源、環境技術、生物醫藥等高新技術
或新興戰略產業。2020 年科創板掛牌企業 145 家，累計融資
2,226.22 億元 [90]，相當於 310 億美元。科技技型公司迎來了
上市的大好機會和春天。

1. 知識產權議題成為科創板掛牌阻礙

然而，作為核心技術和高科技公司創新的重要指標，
知識產權議題已成為許多企業掛牌上市的障礙。常見的問題
是，這些公司未能通過中國證監會和上海證券交易所的知識
產權審查。

另一個問題是在 IPO 過程中來自競爭對手的法律挑戰。
如科創板專利第一案，光峰科技一上市即遭台達電子起訴，
其後的安翰科技、晶豐明源、蘇州敏芯等公司在闖關上市前
後都曾陷入專利之爭中，2020 年科創板已經累計發布 52 份
專利涉訴公告。

實際上都是基於上交所《公開發行證券的公司信息披露
內容與格式準則第 41 號—科創板公司招股說明書》第三十三
條不能有重大技術、產品糾紛或訴訟風險，和第六十二條發

行人不存在核心技術、商標的重大權屬糾紛、訴訟、仲裁。要清除知識產權在科創板上市過程的障礙，就是要滿足監管單位對知識產權的要求。

2. 防範科創板上市過程中的知識產權問題

在分析證監會和上交所的各種文件時，IPO 知識產權相關要求的一個關鍵點是業務競爭優勢、核心技術和知識產權應相互支持。發行審議委員會的思路在於，準備在科創板上市的公司需要在主營業務上具有持久的競爭優勢，而優勢來自於開拓核心技術和創新能力，而後者應通過其知識產權呈現。同時，核心技術需要受到知識產權的保護，不存在所有權、侵權、有效性等智財風險。主要方面詳述如下。

（1）核心技術的全面 IP 保護

知識產權權保護不僅止於專利申請，公司應了解（a）如何將其核心技術應用於整個供應鏈，（b）公司在行業中的地位和地位，以及（c）競爭對手的 IP 部署，以及潛在的訴訟威脅與貨幣化機會。核心技術的全面知識產權保護需要圍繞技術和專利生命週期構建，制定完善的專利戰略、佈局和專利組合管理，以提供紮實的保護，實現知識產權的價值。

（2）通過專利等知識產權來充實核心技術和創新能力

在制定知識產權保護戰略時，企業應該能夠通過知識產權來體現自己的核心技術和創新能力。它需要知識和技能的結合，包括對行業技術、業務營運和對於智財做多面向分析的深入理解，以 IP 來充實核心技術和創新能力。專利和行業資料的使用將輔助智財專業人士的工作，並讓上市評估或上市過程中的盡職調查更加可靠。

（3）管理所有權、侵權、有效性等知識產權風險

此部分涉及知識產權的方方面面，包括營業秘密等，複雜多變，最好防患於未然。企業應該在一開始或考慮首次公開募股之前就擁有科學的企業知識產權管理程序。這些措施包括但不限於：員工的背景調查和規範、專利授權、知識產權相關條款和提案的審查。通過規範、紮實的知識產權管理實踐，在 IPO 前就化解法律責任風險，防範於未然。

如果 IPO 已經勢在必行，企業需要積極主動地管理風險。一方面，應盡快進行風險評估，找出可能對公司提起訴訟或訴願的潛在狙擊手及其論據，以制定應對措施。目標是防止競爭對手的主張妨礙公司上市。

另一方面，公司需要解決其知識產權組合中的弱點。例如，公司可能需要簽訂補充性的協議來解決所有權問題，進行專利檢索分析，瞭解並評估特定市場的潛在專利風險，進而提前規劃技術迴避、法律或商業因應方案，以確保營運自

由。專利資料可用於識別潛在的障礙和索賠。必要時，企業可以從第三方購買專利，以反擊競爭對手的挑戰。最後一種方法是利用競爭關係，調整商業模式或調整供應鏈和產銷區域來轉移或降低風險。

第 6 章

運用 AI 與巨量資料，
掌握專利侵權訴訟
的致勝先機

專利侵權訴訟費時且耗力，並消耗大量的人力資源於重複的資料檢索、處理和分析。隨著人工智慧與巨量資料的發展，這些重複性的作業將可轉化為更有效率的方式：過去專利侵權訴訟難以進行的前案分析、權利範圍解釋，以及尋找新的前案參考文獻，將變得更為即時、簡單且有效。

1. 專利侵權訴訟「曠日費時」的資源戰爭

根據資誠會計事務所調查[91]，美國專利侵權訴訟的等待判決時間逐年增加，2013-2017 年間中位數以逾 2.5 年。除了長時間的法定的訴訟審理程序，無論是對原告（專利權人）或是被告（潛在侵權人）而言，過去在專利資料收集、整理、分析等工作處理上極度耗費人力、物力、時間、金錢等資源，且不一定保證能夠找到有效的關鍵證據。因此，若在收尋專利資料方面能運用更有效率的解決方案輔助執行，將有機會在初期階段即擬定好戰術與戰略，促進訴訟的早期和解與費用降低。

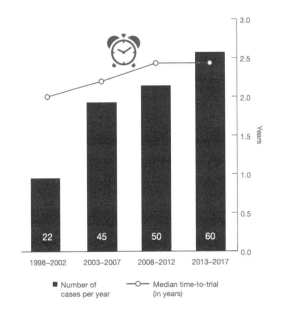

圖 6-1：美國專利侵權訴訟的等待判決時間中位數

資料來源：PwC | 2018 Patent Litigation Study

1.1 從原告（專利權人）觀之

　　智慧財產訴訟中，兩造在發動訴訟或因應訴訟中皆所耗甚鉅，必須有資源預算配合支應。參考表 6-1 American Intellectual Property Law Association 所發布的統計資料 [92]，我們可以得知，隨著預估損害賠償金額的不同，發起或委託一件專利訴訟的花費約為數十萬到五百萬美金不等。

　　從原告（專利權人）的角度觀之，雖然原告（專利權人）在預估成本與效益時，可能預期獲得數百萬至數千萬美金不等的損害賠償或權利金。但專利訴訟並非每戰皆捷，若原告

（專利權人）在提起侵權訴訟以前沒有事先做好體檢，確認自己所擁有專利的有效性、可執行性，並進行情境分析，模擬如何發動訴訟以及隨著訴訟進展可能遭遇到的情狀之配套方案[93]，最終卻無法的打成發動訴訟所希望達成的商業目的，或是遭受 PTAB 專利無效程序之反擊，不但沒有獲得預期中的收入，反而折兵損將，慘賠收場。

表 6-1：美國平均訴訟費用

Amount at Risk (K$)	2005	2007	2009	2011	2013	2015	2017	2019
<1$M	$650	$600	$650	$650	$700	$600	$500	$700
$1M~$10M	N/A	N/A	N/A	N/A	$2,000	$2,000	$1,000	$1,500
$10M~$25M	N/A	N/A	N/A	N/A	$3,325	$3,100	$2,000	$2,700
More than $25M	$4,500	$5,000	$5,500	$5,000	$5,500	$5,500	$3,000	$4,000

資料來源：The Report of the Economic Survey, AIPLA（賽恩倍吉整理）

根據美國專利商標局的專利審判暨上訴委員會（PTAB）在 2021 年的統計資料[94]（圖 6-2），PTAB 在判定專利複審請求（核准後複審，PGR）或多方複審（IPR）立案後，有高達 38% 的專利請求項後被撤銷。換句話說，只考慮請求項最終有無被無效的情況下（排除申請人和專利權人和解、申請人撤回等狀況），專利複審請求立案後有高達 68% 的權利項於最後階段被無效。

此一比例可充分解釋為何專利複審程序制度開始實施後，該程序被專利訴訟被告方大量採用以反制專利權人。專利複

審程序的判決對於司法途徑的專利訴訟程序也有關鍵性的效用，聯邦地院的審理甚至會暫停，等待專利複審程序審理結果出爐，確認專利的有效性以後再進行專利訴訟程序的審理。

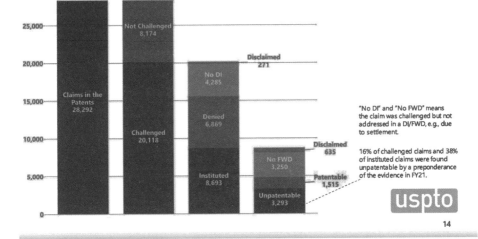

圖 6-2：US Patent Trial Statistics, Fiscal Year 2021

資料來源：Patent Trial and Appeal Board（PTAB）

1.2 從被告方（潛在侵權人）觀之

對於被告（潛在侵權人）而言，多數企業是收到侵權警告函或是訴狀後才開始進行對應。依照經驗上而言，在短時間內必須釐清至少以下所述的問題，並依照分析的結果建立相對應求和或求戰的訴訟戰略。

例如：

- 訴訟對象是誰？是技術競爭對手，還是專利非營運實體（NPE）？
- 對方的可能目的為何？是著眼於損害賠償金、授權金（要錢）？還是著眼於排除競爭者以便獨佔市場（要命）？
- 潛在風險範圍與金額？相對應的訴訟與律師費用？財務部門要編列多少預算對應？
- 要委任那家事務所的哪位律師作為訴訟辯護律師？該律師的技術專長為何？處理過什麼樣的案件？結果為何？
- 原告（權利人）目前或過去再全球是否有其他類似的訴訟？在哪個國家的哪個法院提起訴訟？委任哪家事務所的律師？其結果為何？
- 原告是否有提出專利侵權對照表（Claim Chart）或是使用證據（Evidence of Use, EOU）以支持判斷是否侵權係爭專利？侵權判斷是否清楚還是有模稜兩可之處？
- 能否針對產品進行迴避設計？迴避設計之後能否達到同樣規格效能及價格成本？
- 能否找到前案主張係爭專利無效？
- 是否有其他專利組合可以用來反訴訟或是反授權？
- 能否主張專利不可執行？或權利耗盡？

以檢索可以無效原告（權利人）專利的前案證據而言，由於過往缺乏能將專利資料在短時間整理、歸納的工具，因此需要大量人力資源與時間進行前案檢索與資料整理、分析，不易在短時間內即時且全面地分析大量專利資料以取得可能的前案證據以作為籌碼，導致訴訟策略的建立有所侷限而無法有效將損失及費用壓低，甚至反敗為勝。

2. 解決方案：讓專利有效性問題一覽無遺的 Quality Insights

不論是針對存在已久的專利侵權訴訟制度，或是新興的 PTAB 專利複審程序，隨著近幾年人工智慧以及巨量資料技術的發展，使用這些新技術來提升評估專利品質的方法及工具已然逐步成熟。無論是原告或是被告，在發起訴訟前或面臨被告時若能對專利品質的做出詳細的評估，以支持早期訂定最佳的訴訟的策略。

以下將以 Patentcloud 的 Quality Insights[95]為例，說明如何運用人工智慧分析巨量專利資料，以支持貨幣化活動中所需要的專利品質評量。

Quality Insights 是由資料輔助的專利有效性分析與自動前案檢索解決方案，旨在通過立即且自動化的解析專利審查歷程、權利範圍和過往前案，發現專利的有效性問題，並且找出更多潛在的前案，以作為專利訴訟與無效程序之用。

Quality Insights 以全球專利侵權訴訟活動最活躍，且專利資料（包括申請與訴訟歷程）最公開的美國專利為主，針對美國專利商標局（USPTO）公開的專利書目資料、PAIR 審查歷程紀錄、以及 PTAB 專利無效程序之文件進行全面的搜集，能針對資料加以分析並匯整為一份涵蓋歷程分析、權利範圍、相關前案的整體性評估報告，支持涉及美國專利訴訟的專業人士即刻全覽專利品質的有效性問題。

全球專利資料庫
全面涵蓋 IP5+WIPO 專利資料
93%+ 資料完整性，並且持續更新中

美國審查與複審程序
歷程文件
100% 審查歷程文件
99% 再審／複審程序文件

前案準確度
79% 之機率找到至少一個專利前案
49% 之機率找到至少一組專利前案
可用來發 IPR

圖 6-3：Quality Insights 專利訴訟解決方案
資料來源：孚創雲端（InQuartik）

2.1 總覽與歷程分析

1. 於「總覽」頁籤中，能夠快速掌握專利相關資訊與關鍵爭點：專利的基本書目資料、訴訟紀錄、請求項揭露程度、和請求項揭露程度與潛在 §102（新穎性）或 §103（進步性）等影響專利有效性的問題。

圖 6-4：US10337196 專利總覽

資料來源：Patentcloud-Quality Insights

2. 從總覽頁面專利的「事件歷程」發現主要的有效性問題，並從同族當前狀態發現潛在的專利紛爭：用戶可以在「事件歷程」表中查看來自專利審判暨上訴委員會（PTAB）、國際貿易委員會（ITC），與再審查案件的有效性問題，包括法律依據及前案文獻。

圖 6-5：US10337196 專利的事件歷程

資料來源：Patentcloud-Quality Insights

3. 「審查歷程、再審與複審程序」頁籤中完整呈現審查歷程、再審與複審程序的時程表、相同專利家族之專利狀態、專利與非專利文獻前案等資訊，幫助專利律師快速找出關於專利有效性問題的關鍵證據。

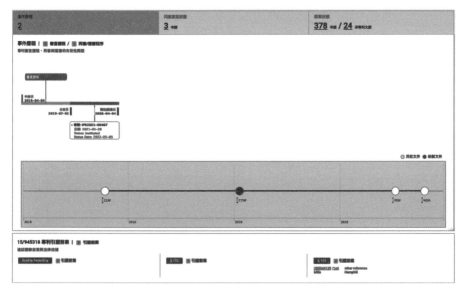

圖 6-6：US10337196 專利的審查歷程、再審與複審程序

資料來源：Patentcloud-Quality Insights

2.2 權利範圍分析與對應

1. 從總覽頁面的「請求項揭露程度」表中，用戶可以查看該專利在申請階段、再審查與複審歷程中，被引證前案揭露的程度與 §102（新穎性）與 §103（進步性）問題的引證前案數量。

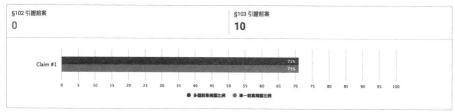

請求項揭露程度　部分揭露

本篇專利在申請階段、再審查與複審歷程中，被引證前案揭露的程度

§102 引證前案
0

§103 引證前案
10

Claim #1　　　　　　　　　　　　　　　　　　　　　71%
　　　　　　　　　　　　　　　　　　　　　　　　　71%

0　5　10　15　20　25　30　35　40　45　50　55　60　65　70　75　80　85　90　95　100

● 多個前案揭露比例　　● 單一前案揭露比例

揭露百分比(%)是透過將專查歷程文件以專利侵權對照表格式分析計算產生，獲取更多完整內容，請前往 請求項剖析。

圖 6-7：US10337196 專利的請求項揭露程度

資料來源：Patentcloud-Quality Insights

「請求項分析」一覽表中，系統精準比對出請求項與說明書的內容用語不同處有多少。由於這些缺乏說明書直接支持的用語有不同解釋的空間，這些用語越多，權利範圍越模糊。用戶可以藉此判別潛在的 §112（明確性）有效性問題。

請求項分析

辨別潛在的§112問題

1 請求項用語

未對應到說明書內容

獨立請求項	數量	未對應到說明書的請求項用語
Claim 1	1	pre-cast

查看其他被說明書內容支持的請求項用語，請前往 請求項分析。

圖 6-8：US10337196 專利未對應到說明書內容的用語

資料來源：Patentcloud-Quality Insights

2. 從「請求項分析」頁籤中，可將專利的請求項與說明書文字一一做對應，找出該文字的內在證據，精準判斷文意，協助解決解釋申請權利範圍（Claim Construction）的問題。

Claim Terms	內容
reinforcement material 請求項文字包括以下關鍵字詞： reinforcement (294) material (218)	[0082] arranging a reinforcement material into the trench ; [0161] Aspect 35 . The load - carrying concrete floor structure according to any of aspects 30 - 34 , wherein the reinforcement material is disposed 1.5 inches deep from a top surface of the flange . [0072] FIG . 12 illustrates a flow chart of an embodiment of a process for building or repairing load - carrying concrete floor structures enhanced with a horizontal reinforcement member 1200 . FIG . 13A shows an exemplary construction structure 1300 that includes a plurality of load - carrying concrete floor structures 1310 , 1310' includes a flange 1320 , 1320' and a stem 1330 , 1330' supporting the flange 1320 , 1320'. The load - carrying concrete floor structure 1310 , 1310' may include at least one supporting the flange 1320 , 1320', respectively . The construction structure 1300 includes a joint portion 1323 of the load - carrying concrete floor structures 1310 , 1310'. FIG . 13B illustrates a schematic front cross - sectional view of load - carrying concrete floor structures 1310 , 1310' enhanced with a horizontal reinforcement member 1370 according to the process shown in the flow chart of FIG . 12 . The process 1200 includes arranging 1210 a horizontal reinforcement member 1370 below the bottom surfaces 1322 , 1322' of flanges 1320 , 1320' of a first and second load - carrying concrete floor structures 1310 , 1310' that neighbor each other side by side , according to an embodiment . Each load - carrying concrete floor structure 1310 with a first connector 1380 . The process 1200 also includes connecting 1230 the other end of the horizontal reinforcement member 1370 to a side of a stem 1330' of the second load - carrying concrete floor structure 1310' with a second connector 1380'. The horizontal reinforcement member 1370 may include a steel reinforcing bar , an epoxy - coated reinforcing bar , a carbon fiber bar , a carbon fiber epoxy - based reinforcing bar , a stainless steel bar (e.g. , a 0.375" to 0.75" stainless steel bar as required by design) , or a combination thereof . Then , the process can also include filling a space between the bottom surface 1320 and the horizontal reinforcement member 1370 with a reinforcement material , similar to 530 described above and shown in FIG . 5 .

圖 6-9：US10337196 專利的請求項分析

資料來源：Patentcloud-Quality Insights

3. 從「請求項剖析」頁籤中，可以將請求項與前案做比對，
了解該請求項的 揭露程度，精準判斷其是否在審查歷
程中已有放棄或修改的狀況，也可以 深入瞭解其在複
審／再審程序中是否受過挑戰，且挑戰的前案為何。

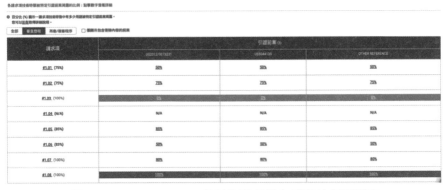

圖 6-10：US10337196 專利的請求像在前案的揭露程度

資料來源：Patentcloud-Quality Insights

2.3 自動化前案檢索與分析

1. 根據總覽頁面中的「同族當前狀態」圖表中顯示的家族成員在各國的專利法律狀態，以及在美國專利局的再審查與複審相關的舉發資訊。

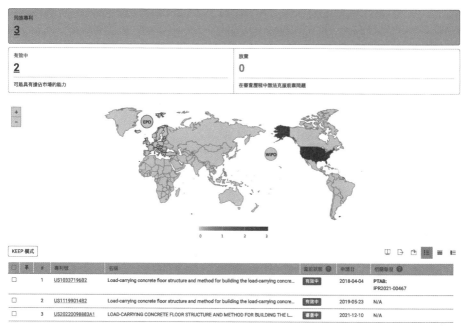

圖 6-11：US10337196 專利的同族當前狀態

資料來源：Patentcloud-Quality Insights

2. 利用 Patentcloud 蒐集到的各國專利資訊，我們得以辨識該專利所有的專利家族成員、向前與向後引證案，進而藉由這些關係，獲得更多可能的潛在前案。

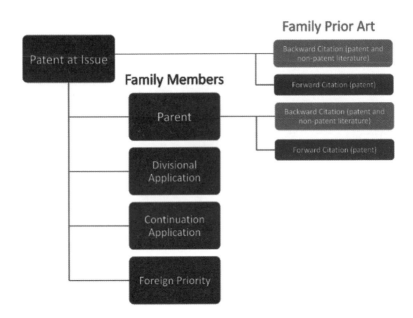

圖 6-12：同族專利的向前與向後引證案示意圖

資料來源：孚創雲端（InQuartik）

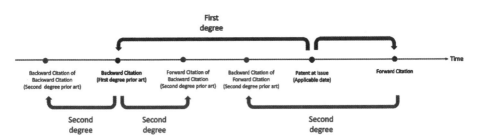

圖 6-13：同族專利的向前與向後引證案示意圖二

資料來源：孚創雲端（InQuartik）

3. Quality Insights 透過人工智慧演算技術精準搜索系爭專利的語意，列出世界 5 大專利局（IP5）與 WIPO 等專利局多項可供參考的潛在前案，辨別可能的 §102（新穎性）和 §103（進步性）等影響專利有效性的問題。

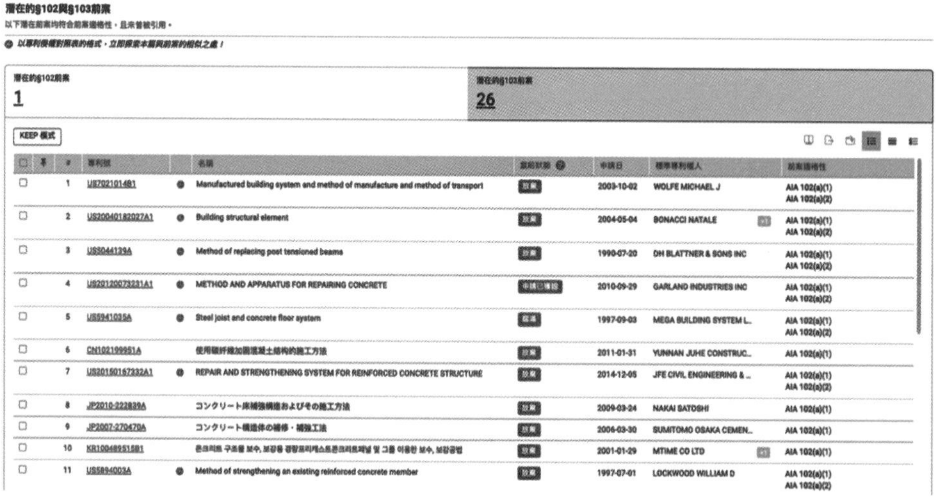

圖 6-14：US10337196 專利的潛在 §102 與 §103 前案

資料來源：Patentcloud-Quality Insights

3. 案例：格羅方德 vs. 台積電專利侵權訴訟 —— 無效證據檢索（有效性分析）

企業在技術商品化過程中，可能因專利權人的資產營運活動，或者出於競爭考量，難免遭遇專利侵權的紛爭，證明專利無效則是企業可用以在談判中，甚至訴訟中進行反制的

手段之一。對被告方來說，「無效證據檢索」目的是找出可挑戰特定專利有效性的證據，特別在於影響專利權的前案文獻為主。相對的，專利權人在行使專利權之前，也需要針對有效性進行確認，找到最不容易被挑戰的專利，避免專利反遭證明無效的風險。此情況，則可稱為「專利有效性分析」。以下運用 Patentcloud 的 Quality Insights，針對 2019 年格羅方德（GlobalFoundries）對台灣積體電路（TSMC）的專利侵權訴訟為例，進行有效性分析。

2019 年 8 月 26 日，格羅方德在美國、德國對台積電提起共 16 件專利侵權訴訟，並向美國 ITC 提起 2 件專利侵權的第 337 條調查，同時也一併控告包括蘋果（Apple）、谷歌（Google）和輝達（Nvidia）在內的幾家台積電客戶，此訴訟影響著全球半導體業的供應鏈與產業關係。

然而，同年 9 月 30 日，台積電於美國、德國及新加坡三國反告格羅方德侵害台積電關於 40 奈米、28 奈米、22 奈米等製程共 25 件專利。雙方旋即於 10 月底達成未來十年專利權授權的和解。原本各界預期雙方互訟將纏訟數年，卻在很短時間內化解。

使用 Patentcloud 的 Quality Insights 一鍵式解決方案，在格羅方德提出專利侵權訴訟的第一時間，就可立刻掌握格羅方德系爭專利的相關品質問題，包含系爭專利的審查與再審查歷史、前案紀錄、權利範圍歷經審查與再審查後的變化、

專利家族前案、前案的前案以及語意分析的前案。Quality Insights 能立即提供在未來訴訟中主張專利有效性問題的前案集合，使當事人及其律師在極短時間內形成有效的訴訟戰略，而得決勝於千里之外，甚至不戰而屈人之兵。

　　以系爭專利之一 US7378357B2 例，我們透過 Quality Insights 的總覽（Overview）頁面，一眼即掌握涉訟專利的有效性問題與關鍵分析。例如，透過書目資料（Bibliography）可以一覽涉訟專利基本資訊；透過事件歷程（Event History）確認專利所涉及的訴訟與來自專利審判暨上訴委員會（PTAB）、國際貿易委員會（ITC），與再審查案件的有效性問題。

圖 6-15：US7378357 專利的總覽

資料來源：Patentcloud-Quality Insights

以及彙整在同族前案（Family Prior Art）、前案調查
（Prior Art Finder）、相似前案（Semantic Prior Art）功能
頁面中所找到所有的潛在前案的潛在的 §102（新穎性）與
§103（進步性）前案（Potential §102 and §103 Prior Art）

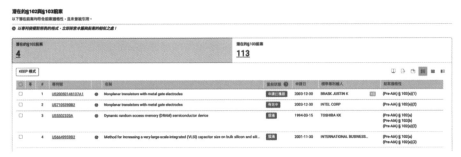

圖 6-16：US7378357B2 專利的潛在 §102 與 §103 前案

資料來源：Patentcloud-Quality Insights

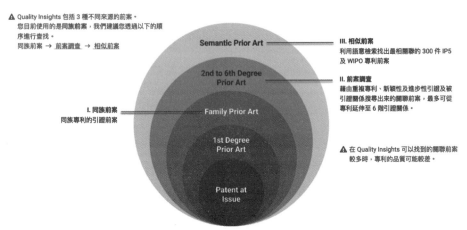

圖 6-17：Quality Insights 的前案來源示意圖

資料來源：孚創雲端（InQuartik）

雖該系爭專利的審查歷程沒有任何前案被提出。但我們
進一步從家族狀態（Family Status）中獲取專利家族成員的
法律狀態是否有主動放棄申請或被撤銷：

圖 6-18：US7378357 專利的同族當前狀態

資料來源：Patentcloud-Quality Insights

從總覽儀表板獲知，係爭專利的家族「EP1787331」和「US20070290250」已由申請人主動放棄審查。這立即給了我們尋找前案線索的重要起頭，亦即先聚焦於這兩件放棄專利申請，進一步了解其放棄申請的可能原因。

以 US20070290250（簡稱：250 專利）為例，我們進一步到 250 專利的同族前案（Family Prior Art）頁面，並點選引證：專利文獻（Backward Citation: Patent）標籤頁。我們即可掌握所有 250 專利專利家族的所有引證案彙整資訊，尋找可能導致此兩件專利放棄申請的原因。

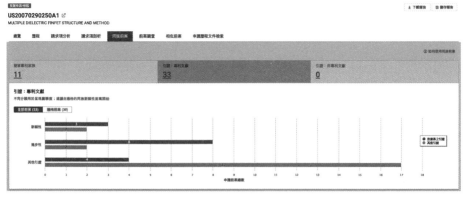

圖 6-19：US20070290250 專利的同族前案

資料來源：Patentcloud-Quality Insights

我們更可快速搜尋 250 專利的相關引證案，因該專利申請已放棄審查（Abandoned），我們可以在搜尋框中輸入「aban」即找到相關清單：

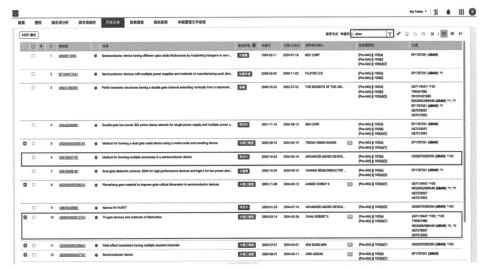

圖 6-20：US20070290250 專利的同族前案已放棄清單

資料來源：Patentcloud-Quality Insights

　　從搜尋結果，我們已具體掌握有哪些前案已點出了 250 專利申請案的有效性問題，例如 US6706571 被審查委員提出 §103（進步性）的問題。US20040036127 則被點出 §102（新穎性）和 §103（進步性）的問題。這些當初被提出作為 250 專利申請案的前案，若該前案針對的請求項與與系爭專利（US7378357）一致，就很有可能成為系爭專利的前案，進而有機會主張系爭專利無效或限縮權利範圍。依此邏輯作業，我們立即挖掘出 13 件類似的前案，作為專利侵權訴訟的攻防戰略的依據。

若我們進一步從系爭專利再擴大其前案資料，我們可以利用語意相似前案（Semantic Prior Art）個藉由機器學習演算法分析專利摘要和請求項的文字語意，即時從世界五大專利局和世界智慧財產局獲取相關連的相似前案。

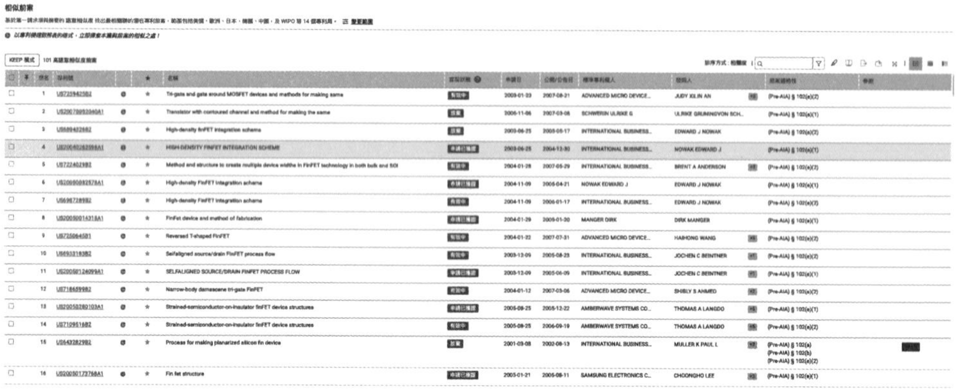

相似前案

圖 6-21：US7378357 專利的相似前案

資料來源：Patentcloud-Quality Insights

我們再用另一件系爭專利 US7750418（簡稱：418 專利）來剖析其前案有哪些。418 專利在審查歷程有兩件前案，分別是 Wang 的 US20050287759（§103）以及 Chau 的 US20050158974（§102/§103）。這兩件專利前案分別在系爭專利不同的請求項中被審查委員引用，總覽儀表板已全面彙整申請歷程紀錄、家族狀態及前案。

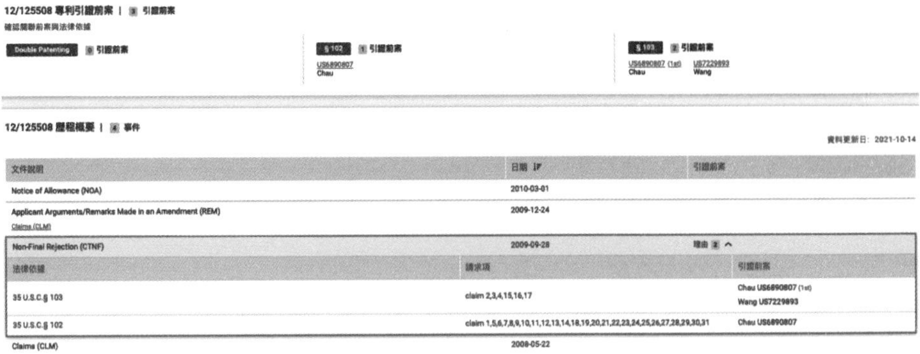

Double Patenting	⊞ 引證前案		§ 102	⊞ 引證前案		§ 103	⊞ 引證前案	
			US6890807 Chau			US6890807 (1st) Chau	US7229893 Wang	

12/125508 歷程概要 | ⊞ 事件

資料更新日：2021-10-14

文件說明	日期 ↓F	引證前案
Notice of Allowance (NOA)	2010-03-01	
Applicant Arguments/Remarks Made in an Amendment (REM)	2009-12-24	
Claims (CLM)		
Non-Final Rejection (CTNF)	2009-09-28	理由 ⊞ ∧

法律依據	請求項	引證前案
35 U.S.C.§ 103	claim 2,3,4,15,16,17	Chau US6890807 (1st) Wang US7229893
35 U.S.C.§ 102	claim 1,5,6,7,8,9,10,11,12,13,14,18,19,20,21,22,23,24,25,26,27,28,29,30,31	Chau US6890807
Claims (CLM)	2008-05-22	

圖 6-22：US7750418 專利的引證前案

資料來源：Patentcloud-Quality Insights

　　若深入剖析系爭專利請求項與這些審查中引證前案的關係及其權利範圍的變化，我們可以用請求項剖析（Claim Insights）作業。Claim Insights 可以將每一個請求項與審查前案對應比較，讓使用者一眼明瞭請求項過去被前案揭露到怎樣的程度？或到底哪些請求項術語（Claim terms）沒有被揭露？

　　在總覽（Overview）頁面的請求項揭露程度（Status of Disclosed Claims），說明了各個獨立請求項於審查、或於獲證後複審程序中被前案揭露的程度。418 專利只有在審查歷程有前案被提出，而尚未被提起獲證後複審程序。因此，418 專利在審查歷程中被揭露的程度有 30%-50%。

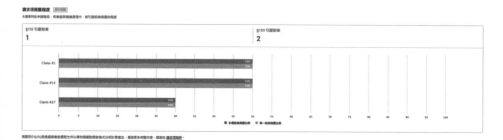

圖 6-23：US7750418 專利的請求項揭露程度
資料來源：Patentcloud-Quality Insights

　　我們再點進去第一請求項，Quality Insights 已自動將該請求項分段成不同的小段而且點出這些小段被前案資訊的揭露程度。

圖 6-24：US7750418 專利的請求像剖析概要表
資料來源：Patentcloud-Quality Insights

　　在 418 專利的 #1.03 有 100% 的程度被前案揭露。要深入了解該小段，我們可以從下對比頁面清楚看到剖析。該頁

面最左邊是 418 專利該小段的請求項文字，右邊是該專利的審查歷程文件中提及前案的段落。兩者間有對應到的請求項術語（Claim terms）會以不同顏色自動標記，同時也讓使用者獲知這些術語在哪些請求項小段也有被提及（例如「dielectric」於 418 專利的 #1.02 小段也有提及，標記為藍色）。前案的名稱會以灰底表示，代表審查委員當初在審查歷程中，引證了該項前案，核駁系爭專利該請求項的原申請範圍。

圖 6-25：US7750418 專利的請求項 #1.03 小段

資料來源：Patentcloud-Quality Insights

因此，我們可以該前案運用前案調查（Prior Art Finder）功能再挖掘此前案的向前引證（Forward citations）或向後引證案（Backward citations），挖掘更多可用的前案資料，亦即使用者可以便利地挖掘高達六層的向前與向後引證案。

進入 Prior Art Finder 頁面，我們首先看到的是 First

Degree Prior Art 以及 Second Degree Prior Art。First Degree Prior Art 即是系爭專利在審查歷程中找到的前案，而 Second Degree Prior Art 是基於 First Degree Prior Art 再去挖掘的向前引證或向後引證案的前案結果。再者，我們根據「Applicability」欄位去確認該引證案是否具適格性，也就是該引證案是否符合美國專利法 §102（新穎性）或 §103（進步性）的要件而可以當作系爭專利的可能前案。

圖 6-26：US7750418 專利的向前引證與向後引證案

資料來源：Patentcloud-Quality Insights

　　若要挖掘更多可能的前案資料，我們可以利用最右方的 N Degree Prior Art 功能，挖掘最多到六層的引證案。當您在每一層挖掘可用的前案資料時，可以勾選您認可的前案，再按確認進行下一層的搜尋。如此，您就不會一次被大量專利

資料淹沒，而是可以專注在您聚焦的前案上，很快地發現您要的前案。

圖 6-27：US7750418 專利的六階引證、被引證案

資料來源：Patentcloud-Quality Insights

4. 結論：唯優質資料才能輔助革新

資料驅動成為重要概念，對於專利的影響主要是專利品質的剖析，並且會將傳統的檢索作業軟體，轉為以解決方案為主的專利市場主流。藉由 Quality Insights，可以協助現今對應美國專利訴訟的專業人士解決以下問題：

表 6-2：Quality Insights 協助專業人士解決的問題

如果您是：	運用 Quality Insights	可以做到
專利訴訟之原告及 337 調查之控訴方	快速評估並篩選出高品質專利用於訴訟，規避無效風險。快速、準確地製作請求項與說明書對應表，輔助界定專利範圍、製作侵權對照表（Claim Charts）。	透過專利侵權訴訟取得侵權賠償金或 337 調查程序禁止被控方侵權，或迫使被告或被控方和解以取得權利金（Royalty）。
專利訴訟被告、舉發人或 337 調查之被控方	確認專利權利範圍被前案證據（Prior Art）揭露程度，並彙整、排序、自動比對用於無效專利的候補證據。	找到優勢證據，確認不侵權原告專利，或使原告專利無效。
專利訴訟之律師	凸顯對於涉訟專利的充分理解與準備，加強（潛在）客戶信任。	快速充分準備涉訟專利相關資訊與證據，以有效提案爭取與潛在客戶合作業務機會，並協助當事人進行訴訟程序，贏得官司。
專利訴訟之專家證人	快速、完整蒐集相關權利範圍界定或前案證據，限縮研究範圍，便於梳理、比對、釐清與前案間之異同。	提供專業知識及充分證據協助委託人取得對專利侵權、有效性事實認定的優勢。

資料來源：孚創雲端（InQuartik）

Quality Insights 能針對美國專利產出一鍵式完整有效性分析報告，除了孚創團隊結合專家夥伴在資料處理、儀表板設計有所突破外，更與 USPTO 領先全球的完整公開專利申請歷程、訴訟歷程資有著密不可分的關聯。因此要將這樣的解決方案擴展到其他國家之專利，還需要克服：

（1）許多國家的專利申請歷程資料未公開或不易取得，非當事人難以知悉申請人如何克服有效性的挑戰。

（2）許多國家的訴訟歷程不公開、不即時，使該國專利資料的圖像一直定格在公開或公告當下，頂多是觀察訴訟結束後的判決結果。

隨區域市場的逐漸發達，其他發達的區域市場如中國、歐盟（尤其是德國）、日本，針對專利活動包括申請、交易、訴訟等需求，只會越來越高。各國專利局如要讓專利徹底發揮區域的影響力，除了組織、人員、制度上的調整，資料的開放也將是關鍵一記。

唯有讓雙方當事人、專利從業者掌握完整資料，藉由人工智慧，讓專業判斷有了資料的高度支持與輔助，做出有影像力的決斷，才能讓相關活動的市場真正發揮效益、增進效率。

第 7 章

標準必要專利（SEP）
世界的痛點與解方

「標準」的存在和實施，能夠統一重要的資訊與規範，促進現代全球商業的蓬勃發展、並確保大眾的健康與安全。比如優良食品衛生規範可確保食品無危害民眾身體之虞，藥事規範保障了藥物安全，而無線電技術則在遵守相關技術產業標準前提下，讓大眾享受通訊的便利性。

　　隨著科技產業發展，各公司或不同開發者間研發產品，通常會進一步制定「標準」，以促進融整性，使相關技術的機器和設備能夠有效和高效地互相整合。在資訊和通訊技術（Information and Communications Technologies, ICT）領域尤其如此，「標準」的制定和新發明的專利申請往往同時進行。

　　因此，許多新技術或設計必須使用符合此類技術標準的專利技術來開發，而保護此類技術的專利則被稱為「標準必要專利」（Standard Essential Patents, SEP）。

　　作為長期關注 ICT 領域的標準必要專利佈局狀況，特別是在無線通訊、無線充電和影片編碼等領域的市場參與者，我們充分理解在開展任何標準必要專利相關工作時會面臨的挑戰和難題。基於在標準必要專利資料分析和授權談判方面的第一手經驗，以及解決專業人士在進行標準必要專利相關工作時遇到的難題，亦能從專利資料中排除雜訊，萃取出有意義的洞察，提供所需的洞見。

　　本章節致力於分享我們對標準必要專利世界的知識、經驗和見解，探討標準必要專利權利人和實施者所面臨的挑

戰，指出可能的解決方案，並展示人工智慧和巨量資料如何提高標準必要專利領域的透明度。

由衷希望這些見解和建議可以減輕各企業、專業人士、法律顧問、技術專家和其他許多智慧財產權領域中的人們在處理標準必要專利相關的問題上花費的巨大時間和精力。無論是需要發展專利組合的標準必要專利權利人，還是在授權談判中希望提高議價能力的標準必要專利實施者，相關的經驗和見解都能對讀者們有所幫助。

另外，本章的內容及案例主要集中在通訊領域中的標準必要專利。因為通訊領域的標準必要專利資料具有較高的透明度，對行業的影響也最大。儘管方法或應用情境有所不同，本章節中所介紹的概念亦可以延伸至其他領域或產業。

1. 基礎知識

▌1.1 關於標準必要專利和 FRAND—了解通訊領域的標準必要專利

標準必要專利（Standard Essential Patents, SEP）意指所保護之專利權，為「某一標準所必要之技術」的專利。

在本章節中，我們將進一步瞭解什麼是標準必要專利、如何制定標準必要專利、什麼是 FRAND，以及通訊領域內其他與標準必要專利相關的議題。

1. 什麼是標準必要專利？

保護一項對「標準」來說是「必要」的技術專利，被稱為「標準必要專利」。這裡提到的「標準」一詞意指從特定技術的技術規格中衍生出來的標準，如無線電技術。

一般消費產品如智慧型手機或平板電腦，在設計和製造時必須符合許多標準和規則，而且需要專利技術來實現。如果不採用一個或多個標準必要專利所涵蓋的關鍵技術，幾乎不可能製造出符合標準的商品。

標準必要專利與非標準必要專利（也就是一般的專利）是不同的。一般來說，公司可以藉由專利迴避設計來避免非標準必要專利的侵權問題，但是遇到標準必要專利，就無法這樣做了。

2. 規範通訊領域的標準

a）什麼是「標準」？

本章中討論的「標準必要專利」、「標準」和其相關例子均為通訊領域中的標準必要專利，意指在 ETSI 智慧財產權線上宣告資料庫（ETSI Online IPR Database）中根據 3GPP 標準宣告的標準必要專利。

通訊領域中「標準化」的技術包含那些我們每天都會不自覺使用的技術，如手機使用的 Wi-Fi、藍牙、LTE、IC 卡

中的近距離無線通訊（Near-Field Communication, NFC）以及在製作視訊、音訊和自動車中的其他各種技術，連 JPEG 圖片格式也必須符合標準。

值得注意的是，通訊技術的標準會根據其相關技術規範與時俱進，不時地進行更新和修訂。

b）誰來制定「標準」？

通訊標準通常由標準制定組織（Standard-Setting Organizations, SSO）制定，如歐洲的歐洲電信標準協會（European Telecommunications Standards Institute, ETSI）[96]、美國電信產業解決方案聯盟（Alliance for Telecommunications Industry Solutions, ATIS）[97] 以及全球許多其他類似的組織。

通訊技術的標準是根據第三代合作夥伴計劃，也就是 3GPP（3rd Generation Partnership Project）開發和提供的技術規格（Technical Specification, TS）制定的，該機構負責設計驅動這些全球標準的技術規範。

3GPP 是一個由七個區域標準制定組織（SSO）組成的聯盟，負責制定和執行智慧財產權（Intellectual Property Rights, IPR）政策。從下圖中我們可以看出，3GPP 和 SSO 對通訊標準和政策的建立做出了哪些貢獻。

How Technical Standards Are Set

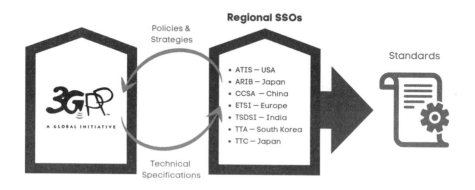

圖 7-1：3GPP 與 ETSI 示意圖

資料來源：孚創雲端整理

簡單來說，3GPP 提供技術規格，而 ETSI 等 SSO 則制定標準。

絕大多數關於數位通訊技術的標準必要專利都是在 ETSI 宣告的。這些通訊技術包含了 GSM™[98]、WCDMA（3G）、LTE（4G）、NR（5G）[99] 和 DECT™[100]。ETSI 最主要的工作是促進上述全球重要技術的技術標準的制定。從全球來看，ETSI 的智慧財產權資料庫在通訊領域相對更活躍、更公開、更透明。

根據 Patentcloud 的 SEP OmniLytics，截至 2021 年 9 月 7 日，在 ETSI 智慧財產權資料庫中，已經有超過 347,569 項的專利宣告為 GSM、UMTS（3G）、LTE（4G）和 5G 標準

下的標準必要專利，包括在 56 個國家部署的 158,315 項有效且自我宣稱為標準必要專利的專利。

3. 標準必要專利如何運作？

首先，作為標準制定組織成員的公司會參與制定標準，而這些公司受到相關的智慧財產權政策要求，需要宣告其擁有的標準必要專利。專利的權利人需要提交一份宣告聲明，必要資訊至少[101]需要包括標準／規格號碼和專利申請號，其他相關資訊包括專案名稱、版本、版次等，至 ETSI 智慧財產權資料庫宣告。一項宣告可能會同時宣告數個標準必要專利及其家族成員組成。

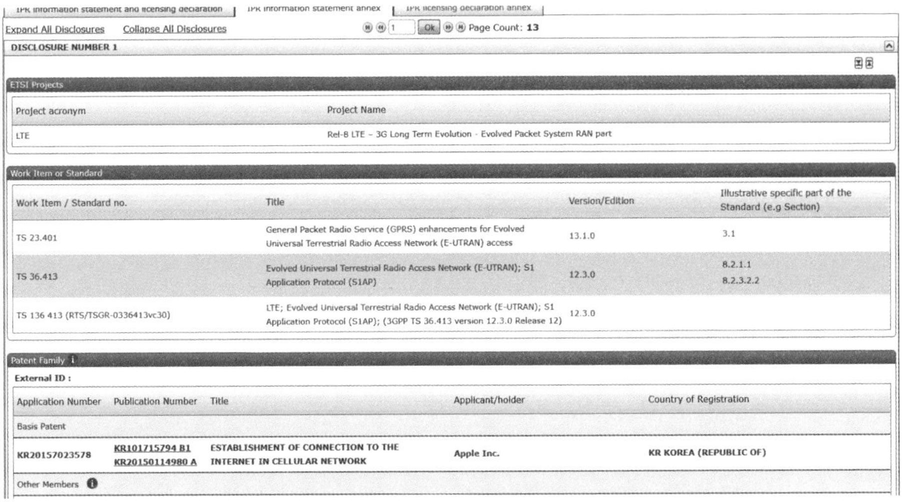

| IPR information statement and licensing declaration | IPR information statement annex | IPR licensing declaration annex |

Expand All Disclosures   Collapse All Disclosures   ⏮ ⏪ 1 OK ⏩ ⏭ Page Count: **13**

DISCLOSURE NUMBER 1

ETSI Projects

Project acronym	Project Name
LTE	Rel-8 LTE – 3G Long Term Evolution - Evolved Packet System RAN part

Work Item or Standard

Work Item / Standard no.	Title	Version/Edition	Illustrative specific part of the Standard (e.g Section)
TS 23.401	General Packet Radio Service (GPRS) enhancements for Evolved Universal Terrestrial Radio Access Network (E-UTRAN) access	13.1.0	3.1
TS 36.413	Evolved Universal Terrestrial Radio Access Network (E-UTRAN); S1 Application Protocol (S1AP)	12.3.0	8.2.1.1 8.2.3.2.2
TS 136 413 (RTS/TSGR-0336413vc30)	LTE; Evolved Universal Terrestrial Radio Access Network (E-UTRAN); S1 Application Protocol (S1AP); (3GPP TS 36.413 version 12.3.0 Release 12)	12.3.0	

Patent Family ℹ

External ID :

Application Number	Publication Number	Title	Applicant/holder	Country of Registration
Basis Patent				
KR20157023578	KR101715794 B1 KR20150114980 A	ESTABLISHMENT OF CONNECTION TO THE INTERNET IN CELLULAR NETWORK	Apple Inc.	KR KOREA (REPUBLIC OF)

Other Members ℹ

圖 7-2：ETSI 智慧財產權線上資料庫中的標準必要專利宣告
資料來源：歐洲電信標準協會（ETSI）

標準必要專利運作的基本原則：製造須符合「標準」的商品時，製造商（我們稱之為標準必要專利的實施者）如果使用了至少一個標準必要專利所涵蓋的技術，就需要從標準必要專利持有人（權利人）那裡獲得使用標準必要專利的授權。然後，雙方將以使用該技術的條件和費用進行談判，談判的結果將由授權合約正式確定。另外，該協議同時必須反映 FRAND 承諾。這個我們將在下一節進一步討論。

當有必要基於技術標準製造商品或零件時，標準必要專利對企業來說至關重要。當標準必要專利權利人和實施者不能達成協議並簽屬授權合約時，爭端通常會被提交至世界各地的法院。在過去的十年裡，通訊領域的訴訟案件明顯增多，其中不乏華為（Huawei）、Apple、Google、三星（Samsung）、愛立信（Ericsson）、諾基亞（Nokia）、中興（ZTE）、微軟（Microsoft）、InterDigital 等大公司。

4. 標準必要專利的例子

標準必要專利與其他專利最主要的區別是：標準必要專利包含了所謂的「宣告資訊」，亦即：

- 在標準制定組織宣告的標準必要專利會有一個宣告編號。
- 宣告的標準必要專利所涵蓋的技術應能與其宣告的相對應技術標準或規格相匹配。

以下以 Apple 公司有效的 5G 標準必要專利宣告列表為例，我們可以看到每一個標準必要專利的宣告編號和相對應的技術規格。

#	Patent No.	Title	Patent Offices	Estimated Exp. Date	Declarations	Declaring Companies	Specifications (Release)
1	KR102266338B1	비면허 액세스를 위한 프리앰블들을 위한 장치, 시스템, 및 방법	KR	2039-04-05	ISLD-202104-009	APPLE INC	TS 38 211 (N/A)
2	US10951301B2	5G new radio beam refinement procedure	US	2040-01-07	ISLD-202104-009	APPLE INC	TS 38 213 (N/A) TS 38 214 (N/A) TS 38 331 (N/A)
3	US10979109B2	Codebook subset restriction for enhanced type II channel state information reporting	US	2040-01-07	ISLD-201905-004 ISLD-202104-009	APPLE INC	TS 38 214 (N/A)
4	KR102049691B1	무선통신 시스템에서 제어 정보의 다중 전송을 동적으로 제어하는 방법 및 장치	KR	2038-12-18	ISLD-201909-023 ISLD-202007-001	APPLE INC	TS 38 211 (R15) TS 38 213 (R15) TS 38 214 (R15) TS 38 321 (R15) TS 38 331 (R15)
5	US10993277B2	Enhanced PDCP duplication handling and RLC failure handling	US	2039-10-27	ISLD-202104-009	APPLE INC	TS 38 300 (N/A) TS 38 321 (N/A) TS 38 322 (N/A) TS 38 323 (N/A) TS 38 331 (N/A)

圖 7-3：Apple 公司的有效 5G 標準必要專利列表

資料來源：Patentcloud-SEP OmniLytics

查看第二個專利 US10951301B2，「5G 新無線電波束細化程式」的詳細資訊：

US010951301B2

(12) **United States Patent**
Tang et al.

(10) **Patent No.:** **US 10,951,301 B2**
(45) **Date of Patent:** **Mar. 16, 2021**

(54) **5G NEW RADIO BEAM REFINEMENT PROCEDURE**

(71) Applicant: **Apple Inc.**, Cupertino, CA (US)

(72) Inventors: **Jia Tang**, San Jose, CA (US); **Beibei Wang**, Cupertino, CA (US); **Dawei Zhang**, Saratoga, CA (US); **Haitong Sun**, Irvine, CA (US); **Johnson O. Sebeni**, Fremont, CA (US); **Pengkai Zhao**, San Jose, CA (US); **Ping Wang**, San Jose, CA (US); **Wei Zeng**, San Diego, CA (US); **Yang Li**, Plano, TX (US); **Zhu Ji**, San Jose, CA (US)

(73) Assignee: **Apple Inc.**, Cupertino, CA (US)

(*) Notice: Subject to any disclaimer, the term of this patent is extended or adjusted under 35 U.S.C. 154(b) by 0 days.

(21) Appl. No.: **16/736,557**

(22) Filed: **Jan. 7, 2020**

(65) **Prior Publication Data**

US 2020/0228189 A1 Jul. 16, 2020

Related U.S. Application Data

(60) Provisional application No. 62/790,536, filed on Jan. 10, 2019.

(51) **Int. Cl.**
H04B 7/08 (2006.01)
H04B 7/06 (2006.01)
(Continued)

(52) **U.S. Cl.**
CPC *H04B 7/088* (2013.01); *H04B 7/0632* (2013.01); *H04W 36/06* (2013.01); *H04W 36/36* (2013.01); *H04W 36/30* (2013.01);

(58) **Field of Classification Search**
CPC H04B 7/088; H04B 7/0632; H04W 36/06; H04W 36/36; H04W 36/30; H04W 36/32;
(Continued)

(56) **References Cited**

U.S. PATENT DOCUMENTS

10,091,759 B2 10/2018 Lin
10,224,994 B2 3/2019 Agiwal
(Continued)

FOREIGN PATENT DOCUMENTS

WO WO 2018/230862 A1 12/2018

Primary Examiner — Vineeta S Panwalkar
(74) *Attorney, Agent, or Firm* — Kowert, Hood, Munyon, Rankin & Goetzel, P.C.

(57) **ABSTRACT**

Apparatuses, systems, and methods for a wireless device to perform methods to implement mechanisms for a UE to request a beam quality measurement procedure. A user equipment device may be configured to perform a method including performing transmitting a request to perform a beam quality measurement procedure for downlink receptions (e.g., a P3 procedure) to a base station/network entity, receiving instructions to perform the beam quality measurement procedure from the base station, and transmitting results of the beam quality measurement procedure to the base station. In some embodiments, transmission of the request may be response to at least one trigger condition and/or detection of a condition at the UE. The request may include an indication of a preferred timing offset. The instructions to perform the beam quality measurement procedure may include a schedule for the beam quality measurement.

圖 7-4：US10951301B2 專利原始檔

資料來源：Patentcloud-SEP OmniLytics

　　這一個標準必要專利的申請文件和其他專利看起來沒什麼不同，但透過 Patentcloud，我們可以進一步得到該專利對應的 3GPP 規格和其版本資訊。

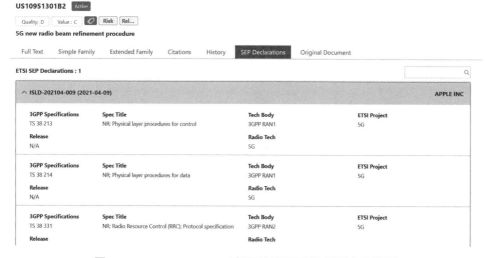

圖 7-5：US10951301B2 專利的相關標準必要宣告資訊

資料來源：Patentcloud

5. 什麼是 FRAND？

　　產業代表人在標準制定組織下聯合制定技術標準，標準必要專利權利人則承諾在公平、合理和非歧視性（Fair, Reasonable, and Non-Discriminatory, FRAND[102]）條款（也稱為 RAND）下，以換取商定的使用費供其他人使用其專利技術。換句話說，FRAND 條款基本上是一種確保標準必要專利實施者能夠在公平的基礎上授權使用標準化技術的方法。

FRAND stands for Fair, Reasonable, and Non-discriminatory.

| Fair | Reasonable | Non-discriminatory |

圖 7-6：公平及合理非歧視條款（FRAND）

資料來源：孚創雲端整理

- **公平（Fair）**：要識別不公平的授權要求通常很容易。例如要求被授權人作出不屬於授權合約的讓步，或者將同意授權的條件與不相關的承諾掛勾，都會被認為是不公平的。然而，何謂公平往往會因為不同利害關係人所考量之不同而難以定義。
- **合理（Reasonable）**：這也是一個主觀的衡量方式。評估合理性一個好的判斷基準是與產業的慣例進行比較，特別是在討論權利金費率時。
- **非歧視性（Non-Discriminatory）**：處於相似情況的被授權人應獲得相同的條件和費率，如果不同應該要有客觀的理由來解釋待遇上的差異。

ETSI 的智慧財產權政策 [103] 要求標準必要專利的權利人在提交宣告的三個月內提供「不可撤銷的書面承諾」，即給予「公平、合理和非歧視性（FRAND）條款和條件的不可撤銷授權」。

在此想提醒讀者，儘管我們經常將其稱為 FRAND「義務」，FRAND 條款並不是強制規範的條款。這僅僅意味著標準制定組織成員在標準制定組織宣告標準必要專利時同意遵守 FRAND 條款，並不具強制性，沒有具體的特定單位會監督或執行 FRAND 條款。

> 值得思考的是，對一個人來說是公平、合理和非歧視性的條件，對其他人來說可能不是。目前沒有普遍被接受的規則來表明什麼樣的具體授權條件符合或是不符合 **FRAND** 條款。

我們不時會看到標準必要專利糾紛和訴訟案件中，專利權人拒絕授權或拒絕按照 FRAND 條款授權，例如 TCL 跟愛立信的訴訟糾紛；或者是標準必要專利權利人為催促潛在的被授權人達成協議而提起訴訟，如 2021 年 7 月諾基亞起訴 OPPO 案。這些糾紛往往會被提交到世界各地的法院，由法官或陪審團來決定 FRAND 條款和權利金費率。

6. 常用術語和定義

表 7-1：常用術語和定義

下面列出了本章節中提到的一些常用術語和縮寫及其相應的定義	
• 標準必要專利權利人（SEP Holder/Owner）	主要指標準必要專利的所有者，也就是權利人。或被授權而得行使標準必要專利權之人。
• 標準必要專利實施者（SEP Implementer）	指標準必要專利所涵蓋的技術的使用者。例如，智慧手機或設備元件製造商。
• 3GPP 工作群組（3GPP Tech Body）	也被稱為技術規格組（Technical Specification Groups, TSG）。3GPP 工作群組由 RAN、CT 和 SA 組成，這些小組還包括幾個工作群組，如 RAN1 和 RAN2。
• 版本（Release）	3GPP 標準是按版本發布的。每一個版本包括許多技術規格和技術報告文件。版本的更新則是以版次為單位。
• 技術規格（Technical Specifications, TS）	技術規格指的是那些由 3GPP 發布，並且可以對應到相關的標準必要專利。
• Tdoc 技術文件	3GPP 發布的技術文件。

資料來源：孚創雲端整理

2. 緩解標準必要專利世界中面對的挑戰

▎ 2.1 過度宣告：為什麼一些標準必要專利實際上沒有真的「必要性」？

在研究標準必要專利（Standard Essential Patents, SEPs）的相關資訊時，我們常常會懷疑，許多被宣告為「標準必要」的專利，是否確實符合技術標準並具備必要性。

這種外觀上被宣告為「標準必要」，但實際上不符合技術標準且不具備必要性的普遍情況，就是所謂的「過度宣告」（Over-Declaration）。

題為《標準必要專利的過度宣告和必要性決定因素》（Over-Declaration of Standard Essential Patents and Determinants of Essentiality, Stitzing et.al., 2017[104]）的論文中指出：「歐盟近期（2017 年）的一份報告指出了普遍存在的過度宣告問題。引用的證據顯示，宣稱為標準必要專利的關鍵技術，可能只有 50%（最高至 90％）為真正有必要性的專利技術。」

智慧財產權諮詢公司 Fairfield Resources International 也在另一份報告[105]中指出，受檢驗的專利家族中，「只有 50% 有至少一項專利可被判定為具備必要性或有可能具備必要性」。

1. 造成「過度宣告」的主因

各技術領域都有其所屬的技術標準制定組織（Standard Setting Organization, SSO），從它們所制定的相關政策中，我們比較容易理解發生標準必要專利「過度宣告」的原因。

舉例來說，歐洲電信標準協會（European telecommunication standard institution, ETSI）的智慧財產權政策[106]明文規定：「在提出或制訂技術標準的過程中，如果 ETSI 成員知道自己擁有任何『可能是必要的』的專利，必須立即通知總幹事。」

在關於 ETSI 的智慧財產權資料庫的段落中亦提及：「ETSI 智慧財產權線上資料庫公開提供已被宣告為對 ETSI 和 3GPP 標準必要或『有潛在必要性的』之專利資訊。」

文中「可能是必要的」和「有潛在必要性的」定義非常廣泛，產生了許多模糊空間。然而對於 ETSI 來說，設下寬泛的定義則有助於協會納入任何有可能的 SEP。

2. 其他造成過度宣告的原因

綜合上述提到的文獻和另一份討論 SEP 過度宣告之研究：《標準制定的專利挑戰》[107]還可歸類出其他原因：

- 對於同時也是專利權人的 SSO 成員來說，即便專利仍在申請中而尚未獲證的階段，提早宣告 SEP 是相對安

全的作法。如果不儘早宣告，可能會導致如失去專利的可執行性等更嚴重的結果。

- 持續發展的技術和不斷迭代的技術標準，可能會讓最初被宣告為必要的專利失去其必要性。
- 專利若在審查歷程中被縮小權利範圍，可能因而失去必要性。
- 專利如在申請階段被駁回，即非標準必要專利。

綜上所述，在專利的狀態和技術的標準尚未確定的情況下，專利權人提早宣告 SEP 會比一個個確認專利的必要性節省許多時間和精力，也能降低不少風險。

另外，部分專利權人的故意行為也會造成 SEP 的「過度宣告」現象，申言之：

- 專利權人故意宣告自己擁有的許多專利為必要的，以獲得利益或商業優勢。
- 專利權人誇大自己擁有的 SEP 數量，以便展示企業強大的技術能力，其目的可能是為了吸引投資，或在授權談判中展示自己擁有「強大」的專利組合等。

3. 如何因應 SEP 的過度宣告？

有人主張應全面改革或至少修改現行的技術標準制定體

制，因為目前皆由專利權人自行宣告該專利是否具備必要性，並沒有任何獨立的官方組織來驗證所宣告者是否為標準必要專利。然而，現今的技術發展日新月異，技術標準制定體制也須與時俱進才足以因應，儘管如此，但要現有的 SSO 組織（如 ETSI）即時調整相關政策，就目前來說，似乎有些不切實際。

既然如此，我們又要如何因應 SEP 的過度宣告？

總結上文，過度宣告主要源於兩個關鍵痛點：

（1）缺乏即時和透明的 SEP 資料。

（2）SEP 的必要性難以判定。

如果能緩解，甚至消除這兩個痛點，我們就能減少因過度宣告導致遮蔽 SEP 資訊全貌的問題，並節省從事 SEP 相關工作的專業人士所花費的時間、精力和金錢。因此，以下將以 Patentcloud 的 SEP OmniLytics 為例，針對 SEP 業界長久以來的上述痛點提供一個可能的解方。

4. 善用即時透明的 SEP 資料

SEP OmniLytics 整合每日最新的 ETSI 的宣告資料、3GPP 技術規格、Patentcloud 專利資料，提供透明且即時的 ETSI SEP 相關資訊，可支持 SEP 專業人士分析並通盤掌握 SEP 的當前狀態。無論是要查看某類無線電技術的佈局概況（Landscape）：

圖 7-7：5G 標準必要專利的佈局概況

資料來源：Patentcloud-SEP OmniLytics

或是查看任一間公司持有的標準必要專利組合：

圖 7-8：Apple 的 5G 標準必要專利組合概況

資料來源：Patentcloud-SEP OmniLytics

透明和簡易明瞭的 SEP 資料可以大大減少監控、篩選以及一件件核實 SEP 資訊（如其法律狀態或佈局國家）所需的時間和精力。

圖 7-9：Apple 的 5G 標準必要專利全球佈局

資料來源：Patentcloud-SEP OmniLytics

　　透過此一資料庫篩選出可執行的標準必要專利（確認法律狀態為有效中的專利）和佈局區域，就能快速了解 SEP 的全球分布概況或某個 SEP 組合的真實狀態，以協助從事該領域的專業人士提升工作效率。

5. 進行 SEP 權利項的比對分析

　　透過比對 SEP 宣告的權利項和技術規格的相關程度，可以協助判斷 SEP 是否真有「必要性」。

　　一般來說，確定一個 SEP 的必要性，必須由該領域專家和智財專業人士對其相應的技術規格／標準進行大量的審查和檢視。由於權利項用語與技術語言不同等因素，專家們往

往需要耗費大量的時間和精力，破解 SEP 是否對其宣告的標準「至關必要」。

更有甚者，由於 SEP 權利人和實施者的立場不同，兩者解釋權利項的範圍大相逕庭，判定上更添難度。若能藉由提出內在證據而產生客觀結果的方法來證實 SEP 的必要性，就可以減少在解釋獨立權利項和其技術規格之間的相關性時所產生的模糊空間。

利用 SEP OmniLytics，將 SEP 宣告的權利項與其技術規格進行初步的關鍵字比對，審查者能夠快速判定在一個專利組合中，有哪些個別的 SEP 或那些部分需要更進一步審查，節省時間和精力。

進行關鍵字比對時，如果用於定義技術規格的關鍵技術術語也出現在專利的權利項中，我們即可區分出專利與技術標準的關聯性高低，產生可供參考的客觀依據。此種參考指標可稱為「技術標準關聯度」（TS Relevancy）。而「專利範圍明確度」（Claim Scope Support）也是另一可供參考的依據，即比對專利的權利項與它的說明書的明確程度。這兩個指標又可以組合成「必要性指標」，能協助審查者快速而精準的下判斷。

什麼是「必要性指標」？

SEP OmniLytics 的必要性指標是由兩個指標組合而成：「技術標準關聯度」和「專利範圍明確度」。

技術標準關聯度

「技術標準關聯度」指標反映了（在 ETSI）自主宣告的 SEP 對其宣告標準的重要性。透過比對 SEP 的獨立權利項和其（由宣告者提出的）相應的技術規格來實現。

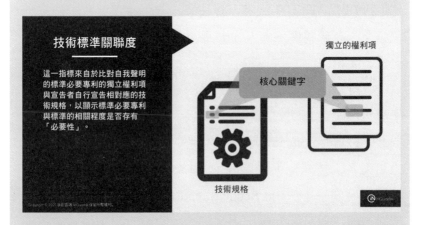

專利範圍明確度

「專利範圍明確度」則是透過審查專利的品質來提供必要性證據的指標。該指標將專利的獨立權利項與其本身的說明書進行比對，以確定其權利要求的明確性。

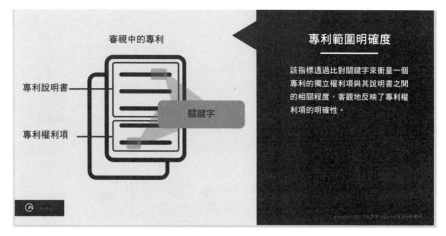

在下圖中，我們可以看到諾基亞在 5G 領域中美國部署有效 RAN 1 標準必要專利組合的必要性指標狀態：

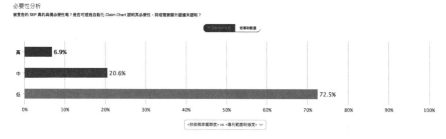

圖 7-10：諾基亞在美國佈局的 **5G RAN 1** 有效中標準必要專利組合的必要性分析

資料來源：Patentcloud-SEP OmniLytics

由於必要性指標是由「技術標準關聯度」和「專利範圍明確度」兩項指標結合計算得出，我們可以進一步查看這兩項指標對必要性指標等級的貢獻。比如諾基亞的 SEP 專利組合中（包括來自 355 個簡單專利家族中的 407 個有效專利），

可以透過下文圖表檢視每一個 SEP 的權利項比對狀態，判斷出這個組合的「專利範圍明確度」等級較高，但只有部分的獨立權利項能比對到其相應的技術規格（部分技術標準關聯度），這意味著可著重於審查該專利組合的「技術標準關聯度」，而非「專利範圍明確度」。

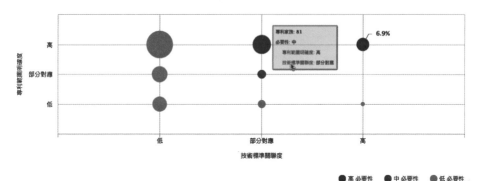

圖 7-11：技術標準關聯度 vs 技術範圍明確度

資料來源：Patentcloud-SEP OmniLytics

圖 7-12：諾基亞 US 10,708,802 專利的 Claim Chart 摘要

資料來源：Patentcloud-SEP OmniLytics

圖 7-13：US 10,708,802 專利的權利項比對狀態

資料來源：Patentcloud-SEP OmniLytics

透過精密演算法的 SEP OmniLytics 以及人工智慧比對技術，專家們能將更多心力放在審視專利的細節，更有效率地破譯其必要性。

6. 總結

綜合上述，「過度宣告」似乎是標準必要專利生態系統中難以避免的現象。

幸運的是，藉由 SEP 資料庫及人工智慧，我們可以收集、清理、驗證並整合出透明且即時的標準必要專利資料，而透過必要性指標和內在證據（如權利項拆解表）等分析方法，我們不僅可以更完整地描繪出標準必要專利的佈局全貌，亦可以得到可執行的洞見，智財專業人士因而可以有效率地進行專利組合管理、標竿分析、授權或其他專利貨幣化作業。

談到應用，我們不能忽視標準必要專利的授權活動。在

討論標準必要專利的授權時，絕對會出現的議題包括權利金費率和 FRAND 條款。

在基礎知識部分我們已經介紹了什麼是 FRAND 條款，我們將在下一節檢視在授權談判中如何計算標準必要專利的權利金費率，以及如何達成較公平、合理和非歧視性（FRAND）的授權協議。

2.2 在標準必要專利授權談判中達成公平交易：如何計算權利金費率

隨著 5G 時代的降臨，許多企業必須準備好以面對潛在的權利人來敲門，並要求支付專利權利金的情形，這使得計算和確定專利權利金費率成了一個挑戰。LTE 時代的專利技術大部分應用於通訊領域，但是 5G 技術則不然，5G 技術的應用已擴展到其他產業和領域，如農業、互聯汽車、物流、零售等等。這說明了更多的企業將成為專利技術的潛在被授權人，特別是那些應用受標準必要專利（SEP）保護的技術實施者。

在本節中，將介紹標準必要專利被授權人在授權談判中面臨的主要挑戰，並探討被授權人如何在談判公平、合理和非歧視性（FRAND）的協議中保護自己的利益。這將包括談判中需要解決的關鍵問題、如何計算專利權利金費率以及緩解挑戰的一些可能解決方案。

1. 標準必要專利被授權人面臨的主要挑戰

如果你的公司或客戶正在使用受標準必要專利保護的技術，就必須從標準必要專利權利人那裡獲得授權。然而，許多潛在的被授權人往往無法知道，專利權人所要求的權利金是否合理。

標準必要專利被授權人會面臨的主要挑戰包括：

a）確立授權的必要性

當所主張的標準必要專利與被授權人的產品之間的範圍不對等時，可能會出現不合理的情況。例如，專利權利人試圖以他擁有的基地台技術標準必要專利向設備製造商（如智慧手機或車輛）主張專利權利金。

另一個可能的情況是權利人的標準必要專利組合所部署之管轄區，與被授權人的市場或製造地點不同。比如，權利人以部署在中國和日本的標準必要專利主張授權費，但被授權人的產品只在巴西生產和銷售。

b）不對稱的動態資訊

不熟悉標準必要專利運作方式和生態的被授權人，往往容易受到權利人提出的恐嚇性要求威脅，因雙方能獲得或瞭解的資訊是不對稱的。有一些權利人傾向於根據其專利組合中的標準必要專利總數來要求授權費，而不考慮其他因素，

如法律狀態、部署區域或對應的標準。

其次，專利資料是動態的，權利人和法律狀態等資訊會不時變動。對這些資料持續監測的成本很高，而付出的心力又往往無法獲得相應的回報。

c）鑑別必要性

標準必要專利權利人需要符合揭露政策，以及意圖從大餅中獲得更大一塊的利潤，而衍伸出過度宣告的問題。因此，確定標準必要專利的必要性已經成為一個至關重要的問題，需要潛在的被授權人在簽訂授權合約之前仔細審查。授權人所主張的標準必要專利是否真的是必要的？

d）確定 FRAND 的權利金費率

需要注意的是，要找到其他標準必要專利授權資料作為參考並不容易，幾乎所有的授權合約內容都是保密的，沒有一個「定價表」可供參考，以得知合理權利金費率的總體價格範圍。雖然有一些訴訟判決規定了 FRAND 的費率，但案例不多，且往往是在不同的情況和條件下之作出的裁決。另一方面，這類案件常常在法院作出判決之前就和解了，使最終的專利費率數字更難以得知，從而使確定 FRAND 權利金費率變得更加困難。

e）可觀的成本

授權談判的成本很高，也許沒有高於訴訟的成本，但如果企業中沒有專門的智慧財產權法律團隊，往往必須尋求外部法律顧問。如果在談判中出現爭議和分歧，訴訟費用就不可避免了。這還沒有考慮到談判期間必要的基本開銷，如差旅和住宿費用。

授權談判往往是漫長而艱巨的。從過往的 LTE 技術專利協議中，我們看到談判時間從幾個月到幾年不等。例如，愛立信和三星在 2014 年的授權合約[108] 花了好幾年的時間和多次訴訟才達成協議。近期，這兩家公司又發生了幾場專利糾紛，持續了近一年，才在 2021 年春天達成了新的授權合約。

被授權人必須準備好負擔談判 FRAND 權利金費率時產生的費用，或者接受標準必要專利權利人拋出的任何費率要求。無論哪種方式都需要進一步評估，以確定選擇何種方式進行。

由於 5G 技術在未來有更大更廣的應用範圍，我們可能會看到更多剛進入標準必要專利領域的公司，與在標準必要專利授權戰中已經很有經驗的非專利實施實體（Non-practicing Entity, NPE）或是與電信巨頭的談判中處於下風。

2. 確立權利金費率

請注意本節中提到的大多數授權的作法，主要來自於

5G 之前（如 2G、3G、LTE）的標準必要專利授權談判和協定經驗，因為與 5G 技術相比，其市場成熟度較高。

接下來讓我們看看如何確立專利權利金費率，尤其是標準必要專利授權談判中的 FRAND 費率。

a）以對的方式開始：先奠定正確的談判基礎

首先，在談錢之前，潛在的被授權人必須確認談判的基礎。這意味著潛在的被授權人需要確保他的產品或系統，與潛在的權利人專利組合中的標準必要專利所涵蓋的技術屬於同一範圍。

授權談判幾乎都會舉行技術會議，雙方坐下來討論，潛在被授權人的產品或系統使用的技術是否與主張的標準必要專利所涵蓋的技術相符。標準必要專利權利人通常會提出一份權利項拆解表（Claim Chart），將標準必要專利的權利項與相關的技術標準／規格進行對比，以證明其必要性。由於一個標準必要專利組合可能包含許多專利，大多數情況下，只有關鍵的專利會附帶權利項拆解表。

在 LTE 技術的授權談判中，由於大多數技術標準已經在使用，因此對這一項基礎的爭議較少。

b）使用同樣的基本條件進行談判

現在，我們可以開始談錢了。討論權利金費率的條件主

要是基於兩個條件：單位基礎和價格基礎。

・ 單位基礎

在討論費率之前，首先，雙方需要就計算權利金費率的單位達成一致，無論它是單一產品還是設備，如手機或其他設備。

在通訊業和 LTE 技術方面，單一的終端產品或設備往往是基本的計算單位。我們在此節中會以這個基礎來討論費率的計算。然而，由於 5G 技術在其他產業可能會有不同的應用，因此在未來可能會出現不同的基礎單位。

・ 價格基礎

另一個需要確定的條件是價格基礎。在談判和訴訟案件中最常見的是一個單位的平均銷售價格（Average Selling Price, ASP）。ASP 之所以經常被使用，不僅是因為價格數字更容易獲得，還因為有資料供應商，如國際數據資訊有限公司 [109]（IDC），可以提供這樣的資料。另一個計算單位為淨銷售價格（Net Selling Price, NSP）。雖然 NSP 理論上可能比較公平，但它更難估計和計算。

重點是，雙方需要明確規定和界定在協議中使用何種費率。有時在談判中不需要具體的數字，因為價格談判往往包

括折扣方案，如有折扣，也應納入合約中。

c）計算權利金費率

現在，讓我們來算數學了。我們如何計算專利權利金費率？

方法

實務計算上，有兩種常用的方法用來確定標準必要專利的 FRAND 權利金費率：比較授權方法和由上而下的方法。

‧ 比較授權方法

比較授權方法（有時也被稱為由下而上的方法）需要找到情況類似的公司和有關標準必要專利授權的相關資訊進行比較，然後透過解讀找到的合約條款來推估權利金費率。

‧ 由上而下的方法

由上而下的方法則使用一個簡單的公式：將集體總權利金的費率與一個公司的標準必要專利數量的貢獻比例相乘。簡單地說，集體總權利金的費率是一塊餅，而一家公司的標準必要專利數量比例決定了他們得到的那塊餅有多大。

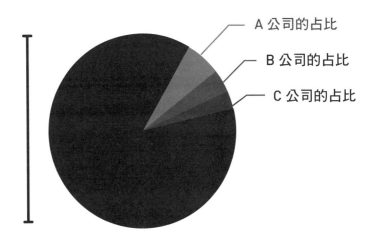

集體總權利金
（整塊餅）

圖 7-14：由上而下的方法示意圖

集體總權利金的費率由誰決定？

　　對於 LTE 技術，業界的共識是大約 6%~ <10%。

　　2008 年 4 月，包括愛立信、Alcatel-Lucent、NEC、諾基亞、諾基亞西門子網路、索尼愛立信和現已解散的 NextWave Wireless 一起為了 LTE/SAE 相關的智慧財產權建立了一個「相互承諾的框架，以建立可預測和更透明的最高集體總權利金」。該聯盟同意支持為手機中的 LTE 必要智慧財產權定一個合理的最高集體總權利金，其費率應為銷售價格的個位數百分比，亦即集體總權利金的費率不超過單一設備的 10%。

　　這個集體總權利金的費率現在業界仍於 LTE 相關的標準必要專利的授權合約中被採用；至於 5G 技術領域，則目前還未出現共識或明確的集體總權利金費率。[110]

現在拿出我們的計算機。使用由上而下的計算方法，計算前十大持有 LTE 標準必要專利公司的權利金費率。常用的方法是以權利人的專利組合中有效的標準必要專利數量為分子，以全球總數為分母。使用簡單的專利族計數的基本公式如下：

$$甲公司授權金費率 = 集體總權利金的費率 \times \left(\frac{授權人持有的有效標準必要專利數量}{標準必要專利總數} \right)$$

請注意我們在公式中使用了「有效」的標準必要專利，因為只有有效的專利才是可執行的。

以 LTE 標準必要專利的授權權利金費率為 10% 來舉例，我們來計算前十家持有 LTE 標準必要專利公司個別的權利金費率。

首先，我們需要了解 LTE 技術下有多少個標準必要專利家族。使用 SEP OmniLytics，我們可以看到目前有 23,509 個有效的簡單 LTE 標準必要專利家族。為簡化，我們撇開其他因素，如必要性和部署區域，並假設所有有效的標準必要專利家族都具有同等價值。

圖 7-15：LTE 技術下有效標準必要專利宣告數量概況

資料來源：Patentcloud-SEP OmniLytics

接下來，我們看看排名前十的公司各自宣告的有效 LTE 標準必要家族的數量。

#	集團公司 ⬍	3GPP 會員資格 ⬍	申請數量 ⬍	當前持有標準必要專利 ⬍
1	HUAWEI	Yes	11,677	2,957
2	SAMSUNG ELECTRONICS	Yes	14,009	2,716
3	LG ELECTRONICS	Yes	9,898	2,323
4	QUALCOMM INC	Yes	17,285	2,270
5	NOKIA CORP	Yes	6,613	1,755
6	ZTE	Yes	3,669	1,620
7	CATT (DATANG)	Yes	2,600	1,301
8	ERICSSON	Yes	7,329	1,151
9	APPLE INC	Yes	4,064	889
10	NTT DOCOMO	Yes	3,340	820

圖 7-16：前十大持有 LTE 標準必要專利的公司

資料來源：Patentcloud-SEP OmniLytics

有了這些數字，我們就可以計算出目前前十名權利人的持有比例。利用之前假設的 10% 的集體總權利金費率，我們可以用這個比例來計算前十名公司的各別權利金費率（表 7-2）。

表 7-2：前十大持有 LTE 標準必要專利的公司的專利占比

排名	持有標準必要專利的公司	有效的 LTE 標準必要專利家族數量	占比（%）	LTE 標準必要專利權利金費率
1	HUAWEI 華為	2,957	12.04%	1.20%
2	SAMSUNG ELECTRONICS 三星電子	2,716	11.06%	1.11%
3	LG ELECTRONICS 樂金電子	2,323	9.46%	0.95%
4	QUALCOMM INC 高通	2,270	9.24%	0.92%
5	NOKIA CORP 諾基亞	1,755	7.15%	0.72%
6	ZTE 中興	1,620	6.60%	0.66%
7	CATT（DATANG）電信科學技術研究院	1,301	5.30%	0.53%
8	ERICSSON 愛立信	1,151	4.69%	0.47%
9	APPLE INC 蘋果公司	889	3.62%	0.36%
10	NTT DOCOMO	820	3.34%	0.33%
	其他	6758	27.50%	2.75%
	總計	**24,560**	**100.00%**	**10.00%**

註 1：LTE 標準必要專利指的是對應到第 8 版本至第 1 版本技術規格的標準必要專利
註 2：此處提及之惠利家族意指 DOCDB 的簡易專利家族定義

資料來源：Patentcloud-SEP OmniLytics

我們也可以這樣檢視整塊餅：

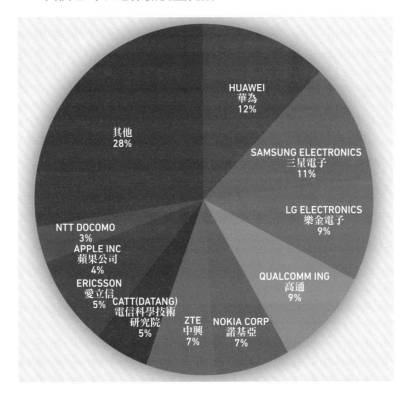

圖 7-17：前十大持有 LTE 標準必要專利的公司的專利占比圓餅圖

資料來源：Patentcloud-SEP OmniLytics

這個例子簡單地示範了計算標準必要專利權利金費率的基本方法。當然，公式也需要考量其他因素。如果我們將某一標準的因素考慮在內，公式會變成這樣：

$$\text{集體總權利金的費率} \times \left(\frac{\text{授權人持有的有效且對應某一技術規格}}{\text{對應某一技術規格的標準必要專利總數}} \right)$$

如果我們再加上地區因素，這個公式可能會變成這樣：

$$\text{集體總權利金的費率} \times \left(\frac{\text{授權人持有的有效且對應某一技術規格}}{\text{對應某一技術規格的標準必要專利總數}} \right) \times \text{區域實力比}$$

或是這樣：

$$\text{集體總權利金的費率} \times \left(\frac{\text{授權人持有的有效、對應某一技術規格且佈局在某一區域中}}{\text{對應某一技術規格且佈局在某一區域中}} \right)$$

　　這些公式乍看很簡單，也相當直觀，但實際執行卻完全不是如此。許多其他的因素都可以納入公式裡。授權談判往往需要經濟、金融、技術、智慧財產權和法律專家來解釋計算背後的邏輯。

　　上述公式中提到的每一個因素，都可能成為授權人和被授權人之間產生分歧的理由，從而進一步拖延整個談判的時程。光確定比例份額，往往就會導致授權人和被授權人之間的重大爭議。

　　儘管在使用這一個公式時會遇到困難和挑戰，但這一個方法已經並持續被不同國家的法院廣泛使用。

3. 爭取公平的協議

現在讓我們來看看潛在的被授權人如何談出一個FRAND的授權協議。基本上，授權人想要更大一塊餅，而潛在被授權人想要談出來的餅小塊一點。

考慮到這一點，標準必要專利的被授權人的主要目標是想辦法降低授權人主張的比例，來達成公平或是FRAND的授權協議。除了確保授權人只主張有效的標準必要專利，以下有幾個要點供潛在的被授權人參考：

· 列出所有的因素和條件

在談判授權合約時，應列出並考慮所有與授權人的標準必要專利組合相關的因素。談判期間討論到會影響標準必要專利組合範疇的因素包括但不限於法律狀態、剩餘年限、所有權狀況、部署地、技術規格、工作小組、多重宣告和必要性。

前文提到的技術會議即是一例。該會議中雙方討論哪些標準可以比對到相對應的標準必要專利或產品，這將是確定計算權利金的費率時將考慮的標準範圍的好時機。

在3GPP的三個工作小組中，哪一個將是主要的重點？有那些技術規範需要被納入？如TS 38 213（NR；Physical layer procedures for control），是目前最受注目的，在44個國家有45,958個有效的標準必要專利。

· 提出區域的授權方案

　　潛在的被授權人也可以透過審查授權人的標準必要專利的全球佈局範圍和公司的生產和銷售區域來反擊報價,是否可以談到一個區域費率而不是全球費率。如果潛在的被授權人的公司只在某些國家或地區經營和銷售,支付全球費率可並不合理。以下用 OPPO 的 5G 標準必要專利組合作為一個簡單的例子。

　　假設公司生產的《無敵快》智慧手機(使用 5G 技術)在越南生產,且主要在日本和韓國銷售。簡單起見,我們省略其他因素,如對應的標準和剩餘年限等。現在 OPPO 帶著這個 5G 標準必要專利組合找上門:

圖 7-18:OPPO 的 5G 標準必要專利組合

資料來源:Patentcloud-SEP OmniLytics

我們也可以在同樣的條件下看到 5G 標準必要專利的全球概況：

圖 7-19：全球 5G 標準必要專利數量

資料來源：Patentcloud-SEP OmniLytics

現在我們有了分子和分母可以計算出 OPPO 的基本權利金費率。使用標準必要專利家族數量，OPPO 的標準必要專利份額為 1,522 / 38,474 = 3.96%。這個份額可以用來計算「全球費率」，常在 LTE 授權談判中出現的費率模式，因為它簡化了計算的複雜度，讓談判更有效率。

然而，如果我們研究 OPPO 的 5G 標準必要專利的全球分布狀態，可以看到 OPPO 在越南沒有 SEP，在印度只能找到 16 個含有至少一個有效專利的 5G 標準必要專利家族。在日本則可以找到含有至少 293 個有效專利的 5G 標準必要專利家族，共 757 個家族。

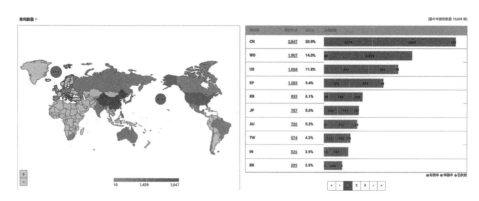

圖 7-20：OPPO 有效 5G 標準必要專利組合的全球分布狀態

資料來源：Patentcloud-SEP OmniLytics

　　透過比對產品的生產和銷售地點，我們發現 OPPO 只有部署在日本的標準必要專利可以有效地主張授權。如果只考慮部署在日本的標準必要專利，OPPO 的份額會是 293/8,282 ＝ 3.54%（8,282 是日本有效的 5G 標準必要專利總數），這比我們之前計算的 3.96% 要低。儘管這個數字可能很難作為授權合約中達成的最終費率，但這種推理和數字會是開始下一輪談判的好基準。

　　在即將到來的 5G 時代，隨著 5G 技術的部署越來越具有區域性，在智慧城市或像 5G RuralFirst 專案[111] 這樣的 5G 農業的例子中，區域費率可能變得更加常見。

．挑戰標準必要專利的必要性和品質

潛在的被授權人可以用挑戰授權人所主張的標準必要專利的必要性和品質作為一種談判的方式。被授權人可以在談判的早期階段推動技術會議，以確保授權是必要的。確定所主張的標準必要專利的品質，需要針對每個專利進行更進一步的審查。

這種方法將是授權談判中最耗時和最昂貴的選擇，不僅依賴智慧財產權專業人士，還需依賴雙方的技術專家和顧問以及數據資料供應商。

傳統來說，標準必要專利權利人通常會在主張他們的標準必要專利時，同時提出權利項拆解表，以證明其必要性。如果一個標準必要專利權利人在他們的投資組合中有 200 個標準必要專利，他們將很難提供 200 個這樣的權利項拆解表。

然而，如果各方能夠提供一個完全不需要依賴進一步詮釋的公正的權利項拆解表，將可以減輕質疑或捍衛有爭議的標準必要專利的必要性和品質時需要花費的時間和精力。

必要性指標和自動化的權利項拆解表（如下圖）可以讓標準必要專利實施者對潛在授權人的專利提出必要性的質疑，而權利人也可以藉此驗證他們的立場。

圖 7-21：SEP OmniLytics 的權利項拆解表

資料來源：Patentcloud-SEP OmniLytics

我們還是要提醒一下，無論是否有權利項拆解表，被授權人仍必須進一步審查主張的標準必要專利。

4. 總結

讀到這裡，你可能已經發現，達成 FRAND 協議有賴於雙方擁有對稱的資訊。然而，潛在的被授權人要獲得透明和高品質的數據資料是比較困難的。

也就是說，擁有一個第三方的標準必要專利資料庫，可以協助在所有相關利益者之間建立信任。有關標準必要專利數量、部署國家、法律狀態、技術規格分布的資料都是有利於實施者進行授權談判的資訊。再加上其他檢查標準必要專利品質和價值的工具，用戶不僅可以檢視標準必要專利的全

景，還可以檢查所涉及的標準必要專利的品質和價值。被授權人準備好並配備了正確的知識、資料和工具後，會發現標準必要專利授權談判是智慧財產權世界中的一項正常活動，而不是來自授權人的攻擊。

沒有一鍵式的解決方案或簡單的方法可以達成 FRAND 協議。任何可能的解決方案或建議只能減輕談判中所需要的時間、精力和資源。潛在的被授權人不應想過分減省法律和技術顧問的費用。

本文提出的建議只是在授權談判中討論的眾多因素和條款中的一部分而已，是確定使用費率的起始依據。潛在的被授權人在面對標準必要專利授權協議時，涉及其他議題和條款如付款方式、交互授權條款、專利轉讓的情況、授權期限等以及其他許許多多的議題，應向具有標準必要專利貨幣化經驗的智慧財產權專業人士諮詢。

接下來在第三部分，我們將透過分析案件，深入探討如何剖析和檢視標準必要專利組合，以發現其真正的價值。

3. 案件分析

▌3.1 區域觀點：中國的 5G 標準必要專利佈局與實力

中國的 5G 龍頭華為公司在 2021 年 3 月宣布，今年將開始收取 5G 專利技術授權金。這意味著華為於不久後將開始

對實施與其所擁有的 5G 標準必要專利（Standard Essential Patents, SEPs）相關技術的企業展開談判。

在持續進行的中美貿易戰中，美國未曾停止施加對中國的貿易限制，華為此一宣布可使人感受到貿易戰對 5G 技術的策略佈局所產生之影響。

華為的宣布一出，首當其衝的是電信業者、設備供應商及終端製造商等標準必要專利實施者。除此之外，隨著 5G 技術的持續發展和成熟，此舉更將逐步擴大影響其他的領域和產業，包括車聯網、顯示器、語音服務、物流、零售、智慧家居、智慧城市、智慧工廠、智慧醫療保健、智慧農業和漁業等，使得這些相關領域的 5G 技術實施者都成為了「潛在」需要支付授權金的對象。

近年來，以華為為首的中國公司不斷加強在 5G 標準必要專利申請以及宣告的競爭力，讓中國在 5G 專利領域取得相當地位。這樣的情勢亦使美國聯邦傳播委員會（FCC）批准了 6G 頻譜（95GHz~3THz）實驗，試圖搶下 6G 產業的先機，以超越中國的 5G 優勢。

美國的舉措是否反應過度？中國公司在 5G SEPs 的實力是否名符其實？我們可以從透明且即時的 SEPs 資料庫進行分析，一窺其中的競爭態勢[112]。

1. 參與 5G 競賽的中國公司

截 至 2021 年 10 月 31 日，華 為 宣 告 了 4,952 個 符 合 3GPP 5G 標準的標準必要專利簡單專利家族（下稱家族），佔全球總數 15.46％，其擁有的有效專利約 12,593 件，佔全球總數 21.7%。然而，儘管華為擁有的專利數量龐大，但並不能代表中國整體的標準必要專利格局。

本節將以不同角度分析以下議題，使讀者便於理解中國公司的 5G SEPs 整體現況：

- 除華為以外，其他中國公司的 5G SEPs 佈局情況如何？
- 以專利數量及發明人數量觀察，中國在 5G 領域的實力如何？
- 中國目前的 5G 優勢，華為公司是否為主要貢獻者？其貢獻比例如何？

2. 5G SEPs 宣告概況

截至 2021 年 10 月 31 日，全球已有至少 60 家公司進行了 5G 標準必要專利宣告，其中 9 家為中國公司。雖然中國公司在 5G 標準必要專利宣告公司中只占所有公司約六分之一，但其中有 4 間公司（華為、中興、電信科學技術研究院 CATT、OPPO）的 SEPs 宣告數量名列前 10，而且都是 3GPP 成員。其餘 5 間中國公司分別是 VIVO、小米、聯想

（Lenovo）、上海朗帛以及展訊通信有限公司。

而在全球宣告約 32,026 個 5G SEPs 家族中，由中國公司所宣告者有約 14,266 個（占 45%）；全球宣告之有效中專利約為 58,038 件，其中由中國公司所宣告者有 20,411 件（占 35%）。

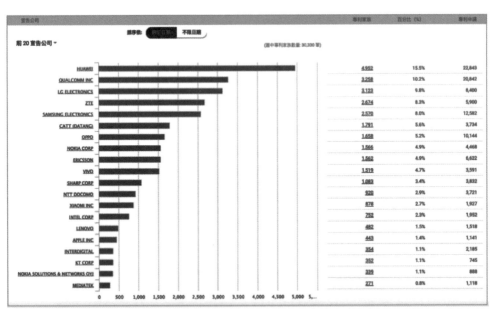

圖 7-22：全球 Top 20 標準必要專利宣告公司
資料來源：Patentcloud-SEP OmniLytics

除了 SEP 宣告數量以及宣告公司，我們可以進一步檢視這些中國公司的 SEP 當前持有狀況。由於在宣告後可能產生專利權轉讓、放棄申請或技術標準改變等情事，故相較於過

去的宣告數量，當前持有專利的狀況更能夠如實反映 5G 領域實力。

　　全球 105 間當前持有 5G SEPs 的公司，有 12 間屬中國公司，該等公司持有的 SEPs 的總數高達 44.19%（表 7-3）。排名前 10 的中國公司即上文提到的 SEP 宣告公司，數量上以華為居首，其次是中興、CATT 和 OPPO。除此之外，南通朗恆通信、東南大學和中國移動通信則是透過專利交易取得專利。

表 7-3：中國公司 5G 標準必要專利宣告及當前持有概況

排名	公司	3GPP 會員	曾經宣告之 SEPs		當前持有之 SEPs*	
			家族數量	全球佔比	家族數量	全球佔比
1	HUAWEI 華為	是	4,952	15.46%	4,956	15.47%
4	ZTE 中興	是	2,674	8.35%	2,670	8.34%
6	電信科學技術研究院	是	1,791	5.59%	1,792	5.60%
7	OPPO	是	1,657	5.17%	1,625	5.07%
10	VIVO	是	1,519	4.74%	1,519	4.74%
13	XIAOMI	是	878	2.74%	728	2.27%
15	LENOVO*	是	482	1.51%	485	1.51%
21	上海朗帛	否	226	0.71%	222	0.69%
28	展訊通信	是	87	0.27%	87	0.27%
-	南通朗恆通信	否	0	0.00%	4	0.01%
-	東南大學***	否	0	0.00%	3	0.01%
-	中國移動***	否	0	0.00%	2	0.01%
	總計		14,266	44.55%	14,093	44.00%

*包含 Motorola Mobility LLC 子公司所宣告之標準必要專利
**指當前所持有之標準必要專利，可能受讓自第三人
***包含與 HUAWEI 共同持有之標準必要專利

資料來源：Patentcloud-SEP OmniLytics

從資料中可看出，宣告公司和當前持有公司，在所持有的家族數量僅有微小的差距，表示大部分中國公司所持有的標準必要專利來自於自行宣告，只有少數公司從第三方取得標準必要專利。（圖 7-23）

中國公司 5G SEP 宣告與當前持有狀態

圖 7-23：中國公司 5G 標準必要專利宣告及當前持有概況
資料來源：Patentcloud-SEP OmniLytics

3. 大量 5G/LTE 標準必要專利宣告顯示中國 5G 發展強勁

　　檢視中國公司宣告的 5G 與 LTE SEP 資料，發現中國公司所宣告的 LTE SEP 家族約為 4,611 個，佔全球總宣告數之 20.68%，而 5G SEP 之宣告家族約為 14,266 個，佔約 44.55%。（圖 7-24）

新宣告之 LTE 和 5G 標準必要專利比較

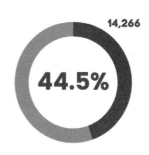

4,611

20.7%

中國新宣告之 LTE SEP 家族
與整體占比

14,266

44.5%

中國新宣告之 5G SEP 家族
與整體占比

圖 7-24：中國公司 5G 標準必要專利宣告及當前持有概況

資料來源：Patentcloud-SEP OmniLytics

　　相較於 LTE SEPs，中國公司所宣告的 5G SEPs 簡單專利家族，在占比上有兩倍以上的成長，主要貢獻的公司有華為、中興、OPPO 以及 VIVO 等，目前 5G 技術仍處於高速發展的階段，未來 5G SEP 家族依然會持續成長。

4. 從發明人面向檢視 5G SEP 的宣告狀態

　　相較於 LTE 技術，全球在 5G 領域所宣告的 SEPs 簡單專利家族增加了一倍以上，發明人卻有減少的態勢。雖然，無法從中得知對研發成本的投資多寡，但可明顯看出更活躍的宣告活動。

　　在中國公司方面，不論 SEPs 家族數量以及發明人數量皆有

成長，但相較於家族所占整體比例的增加（20.7% → 44.5%），
發明人占比的增幅僅不到一半（17% → 29%）。

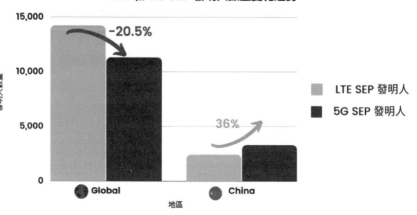

圖 7-25：相較於 LTE 領域，中國 5G 領域的發明人不減反增

資料來源：Patentcloud-SEP OmniLytics

新宣告之 LTE 和 5G 發明人數量比較

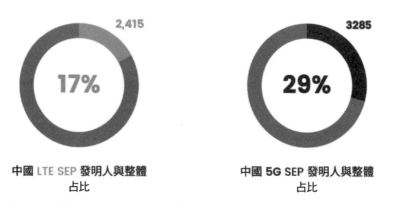

圖 7-26：從 LTE 到 5G，發明人的占比成長幅度不如家族數量成長幅度

資料來源：Patentcloud-SEP OmniLytics

儘管全球和中國出現的變化略有不同，從 5G SEPs 宣告數量和發明人數量的增幅可以看出，目前中國公司 5G 標準必要專利宣告的活動有更活躍的趨勢。

5. 5G 專有標準必要專利的區域佈局情況

　　審視標準必要專利的品質和價值時，應先確認專利之覆蓋範圍。我們可以審視目前全球有效中或審查中的 5G SEP 的區域佈局情況。

　　從專利家族數量來看，已宣告之 5G SEPs 以中國為主要佈局國家，其次為美國及歐洲，數量上美國市場的 5G SEPs 些微落後。

圖 7-27：全球的 5G 標準必要專利組合

資料來源：Patentcloud-SEP OmniLytics

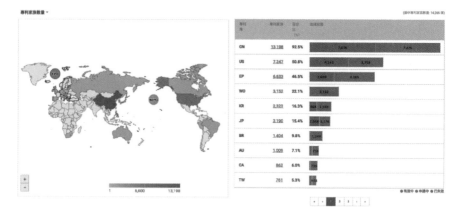

圖 7-28：中國公司 5G 標準必要專利組合

資料來源：Patentcloud-SEP OmniLytics

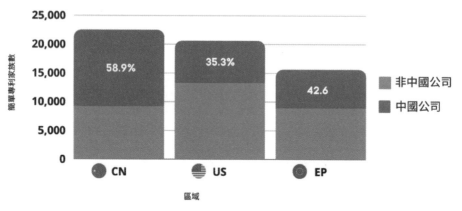

圖 7-29：中國公司 SEP 在各佈局區域所占比例

資料來源：Patentcloud-SEP OmniLytics

專利營運的新機制　　　　　　　　332

由上述可知，中國公司持有的 5G SEP 以中國為主要申請國。總計已宣告的 14,266 個有效中或審查中的簡單專利家族，有高達 13,198 個專利家族以中國本國為申請國；檢視所有新申請的專利家族，其中中國公司所屬之 5G SEP 在中國、美國與歐洲分別佔了 58.9%、35.3% 以及 42.6%。在日本、韓國、巴西、澳洲、加拿大和台灣等 5G SEP 佈局比例則是大幅下降。

從資料分析中也可以發現，中國公司在中國、美國和歐洲佈局的有效中和審查中 5G SEPs 的占比相對較高，其中華為公司可說是中國公司 5G SEPs 之主要貢獻者，分別在中國佔了 34%，美國 53% 以及歐洲 40%。

6. 總結：中國具 5G 實力由華為帶動發展

綜上所述，除華為以外，其他中國公司 5G SEPs 佈局情況如何？

依據本文對中國公司 5G 標準必要專利宣告總體情況的分析結果得到以下結論：

1. 與 5G 之前的 LTE 時代（第 8 版本～第 14 版本）相比，中國公司宣告的 5G 標準必要專利家族數量成長了約 209%，在 5G 標準必要專利宣告總數中占比達到44.5%。

2. 與 LTE 時代相比，全球 5G 標準必要專利宣告數量成長顯著（33.49%），但 5G 發明人數量則下降。而中國公司之專利家族以及發明人皆有成長（專利家族百分比變化：209%，發明人百分比變化：36%）。全球 5G SEPs 成長，中國公司的 5G 標準必要專利申請和宣告活動功不可沒。

3. 從區域分布和法律狀態來分析，中國公司當前持有的（有效的或審查中的）5G 專有標準必要專利中，92% 佈局在中國，美國、歐洲及其他市場之佈局比例則顯著降低。除了華為（似乎是這場競賽中唯一的領先者）佈局較多之外，其他中國公司在美國和歐洲的 5G 標準必要專利佈局比例更低，且在已佈局的標準必要專利中，大多數還是審查中的專利申請，尚未具有完整的專利權。

7. 中國是否在 5G 領域擁有真正的實力？

從 SEP OmniLytics 關於中國 5G 標準必要專利格局的全面分析，顯示了中國公司的 5G SEPs 數量上優勢地位，雖然市場佈局略嫌集中，但其宣告和擁有的標準必要專利比例相當高。

最後，中國目前的 5G 優勢是否主要來自於華為的標準必要專利組合？

答案是肯定的。華為擁有的標準必要專利組合龐大，保護範圍覆蓋廣，所占比例高，且有更多有效中專利，據此可以推斷，華為確實是中國公司在 5G 標準必要專利上的優勢地位的主要貢獻者。

3.2 公司觀點：揭秘 LG 的 5G 鑽石級標準必要專利組合

LG Electronics 於 2021 年 4 月 5 日宣布 [113] 於同年 7 月 31 日關閉其主營手機業務的事業體，同時表示「20 年來用以研發手機的核心技術，將持續應用在現有和未來的產品」。過去五年間，LG 的智慧型手機業務累計虧損高達 45 億美元 [114]。該公司於 2010 年進軍手機市場，曾推出曲面軟性螢幕手機 LG G Flex 及模組化手機 LG G5 等具市場獨特性的系列產品，一度是三星電子強勁的競爭對手。

此宣布後，即有傳言 [115] 三星以及中、美、韓三國的數家非專利實施實體（Non-practicing entity, NPE）亟欲爭奪 LG 在智慧型手機、電信設備和電動汽車方面的標準必要專利（Standard Essential Patents, SEPs），尤其是涉及 5G 相關的 SEPs。

如報導所稱，LG 會審視當前擁有的相關專利資產可以如何應用到物聯網或自動駕駛汽車等其他領域。即便如此，專利維護所費不貲（每年高達 260 萬美元），相信 LG 極有

可能對這些專利資產進行更多元的活化。

本文將檢視 LG 的標準必要專利組合在全球的地位，並進一步分析其 LTE 和 5G 無線通訊技術的鑽石級專利組合。

調查策略及取材根據 Patentcloud 的專利資料庫，LG 的專利組合中有超過 284,000 件的專利申請。本文中將聚焦在 LG 所擁有的有效中 SEPs 和審查中 SEPs，以更透明的方式來觀察其標準必要專利組合真正的實力。

我們將先簡要分析 LG 所屬與通訊相關的專利，再進一步深入分析 LG 的標準必要專利組合，包含 LTE 和 5G SEPs 佈局，除此之外，也同時檢視該組合的整體品質以及屬於鑽石級專利組合的樣貌，期讓讀者能更清楚了解我們如何應用透明且即時的資料來觀察一間公司的 SEPs 資產。

本文所指的專利或標準必要專利，僅包括專利組合中的有效中專利或審查中專利；標準必要專利家族請參見簡易專利族定義 [116]。（為方便敘述，文中將以「家族」簡稱）。另外，本文的資料來自 Patentcloud 專利資料庫，資料範圍自 2016 年 6 月 1 日至 2021 年 5 月 21 日。

1. LG 標準必要專利組合概況

a）標準必要專利主要權利人之電信相關專利

使用 SEP OmniLytics，我們仔細檢視了前 5 大 5G SEPs 專利權人（圖 7-30）所持有的電信相關專利數量。LG 擁有

25,966 個家族，排名第五，而三星公司則擁有 57,422 個電信相關專利奪冠（圖 7-31）。

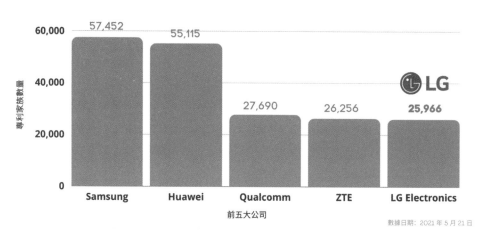

SEP Current Owners
The following list includes all current owners of SEPs, click to find detailed SEP profiles of each company.

Top 1 ~ 50 SEP owners, and 119 SEP owners in total
(Patents in this chart are calculated based on simple families)

#	Corporate Group	3GPP Membership	SEP Portfolio Size
1	HUAWEI	Yes	5,502
2	SAMSUNG ELECTRONICS	Yes	4,605
3	LG ELECTRONICS	Yes	4,304
4	QUALCOMM INC	Yes	4,095
5	ZTE	Yes	2,936
6	NOKIA CORP	Yes	2,779
7	ERICSSON	Yes	2,278
8	CATT (DATANG)	Yes	1,897
9	OPPO	Yes	1,588
10	VIVO	Yes	1,528

圖 7-30：前十大持有 5G 標準必要專利數量的權利人（企業）

資料來源：Patentcloud-SEP OmniLytics

圖 7-31：前五大持有 5G SEP 權利人（企業）所持有之電信技術相關專利

資料來源：Patentcloud-SEP OmniLytics

b）LTE 和 5G 標準必要專利

然而，若比較各公司持有電信專利家族數量與在 ETSI 宣告的 LTE 和 5G SEPs 家族的數量占比，LG 則以 20.94% 冠，其次是高通（18.21%）。三星則只有 8.29% 的電信專利家族被宣告為 LTE／5G SEPs（圖 7-32）。

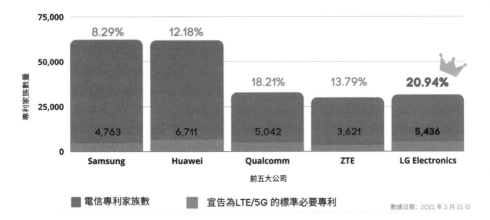

圖 7-32：宣告之 **SEPs** 與通信專利家族占比

資料來源：Patentcloud-SEP OmniLytics

全球 LTE 和 5G 有效中和審查中的 SEPs 家族總數為 51,067 個，其中有 5,436 為 LG 所持有，約占總數的 10.6%。

若個別分析 LTE 和 5G 標準必要專利，LG 擁有的 LTE SEPs 數量和 5G SEPs 數量均排第三（表 7-4），僅次於華為和三星，可看出 LG 在 LTE／5G 標準必要專利市場中的顯著地位。

表 7-4：前五大持有 LTE/5G SEPs 的公司

	Huawei 華為	Samsung 三星	LG Electronics	Qualcomm 高通	ZTE 中興
排名	#1	#2	#3	#4	#5
LTE 標準必要專利	3,133	2,888	2,589	2,444	1,829
5G 標準必要專利	5,419	4,324	4,218	4,022	2,624

資料來源：Patentcloud-SEP OmniLytics

2. LG 標準必要專利組合的品質

專利品質指的是該專利面臨無效舉發時的可專利性風險，我們也可從此一角度來觀察 LG 的專利組合。

a）LG 的 5G 專有標準必要專利

將 LG 的 5G 專有 SEPs 與其所屬的兩類 LTE SEPs 對照並開展分析，一類是第 14 版本發布前的「LTE 專有 SEPs」、一類是第 15 版本發布後的「LTE 非專有 SEPs」。

檢視 LG 的 5G ＋ LTE SEPs 家族（包括有效中以及申請中），可發現具有「至少一個有效中（獲證）」的家族占比非常高，尤其是在 LTE 領域（圖 7-33）。雖然這樣的專利家族在 5G 領域占比相對低，但可推斷主要是因為 5G 科技尚在早期的研發及實施階段，有大量的專利是新申請而還在審查中。

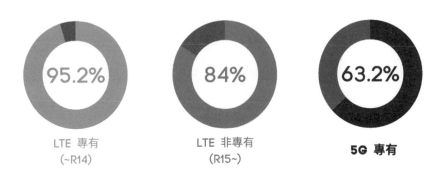

95.2%

LTE 專有
(~R14)

84%

LTE 非專有
(R15~)

63.2%

5G 專有

數據日期：2021 年 5 月 21 日

圖 7-33：LG 擁有已獲證家族與所有家族占比

資料來源：Patentcloud-SEP OmniLytics

b）LG 的高規格標準必要專利

我們可以進一步檢視 LG 的高規格 SEPs 家族，高規格 SEPs 的是透過 SEP OmniLytics 的高度維護快捷篩選器，所篩選出「沒有任何放棄審查、未繳費失效、撤回或被撤銷」，並「具有至少一個有效中（已獲證）」的家族。符合上開條件的家族具有必要性及自評指標與相對高之特色，故稱為「高規格 SEPs」。

我們利用同樣條件檢視主要 SEPs 專利權人後可得到表 7-5 的結果，其中可看出 LG 的表現優異（60.78%），僅次於華為（62.84%）。

表 7-5：前五大 SEPs 專利權人的高規格家族占比

公司	占比（%）
Huawei 華為	62.84%
LG Eelctronics	60.78%
Samsung 三星	52.47%
Qualcomm 高通	45.32%
ZTE 中興	35.76%

資料來源：Patentcloud-SEP OmniLytics

　　另外，如果只看 5G 專有 SEPs 的話，有 93.35% 的專利族屬於高規格 SEPs。這表明 LG 投入了大量資源來開發和維護其擁有的 5G 專有標準必要專利，可能甚至比在 LTE SEPs 付出更多時間與精力更多。

　　而專有和非專有 LTE SEPs 規格家族的占比則分別為 67.5% 和 74.4%（圖 7-34）。

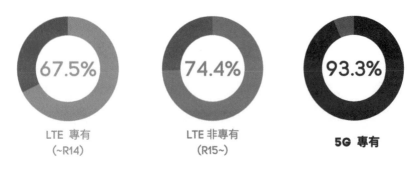

LTE 專有
(~R14)

LTE 非專有
(R15~)

5G 專有

註：高規格標準必要專利家族意指那些「維護良好」且「至少有一個有效專利成員」的專利家族。

數據日期：2021 年 5 月 21 日

圖 7-34：LG 擁有的高規格 SEPs 占比

資料來源：Patentcloud-SEP OmniLytics

c）LG 的標準必要專利在全球各國的覆蓋範圍

在檢視 LG 的 2,911 項 5G 專有高規格 SEPs 申請時，會發現其超過 50% 的標準必要專利在美國，其次為歐盟、中國以及韓國。

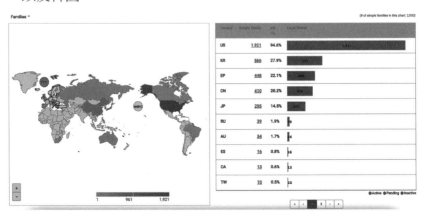

圖 7-35：LG 已獲證 SEPs 的全球覆蓋範圍

資料來源：Patentcloud-SEP OmniLytics

如果更進一步分析 LG 佈局在十多個國家的 5G 專有高規格標準必要專利家族（SEP OmniLytics 的「廣泛佈局」篩選工具可篩選出當前佈局超過 10 個區域的 SEPs），可以看到 34 個標準必要專利家族主要佈局在韓國和歐盟，其次是日本、中國及美國。也可以看到此專利組合中之已獲證專利主要佈局在美國與韓國。

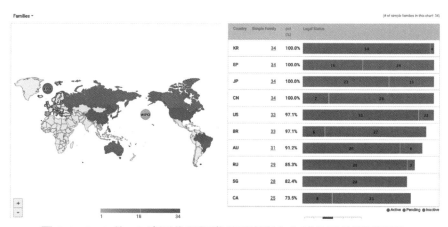

圖 7-36：LG 的 5G 廣泛佈局標準必要專利在全球各國的覆蓋範圍

資料來源：Patentcloud-SEP OmniLytics

d）LG 標準必要專利涉及的工作小組和技術規格的分布

繼續觀察 LG 的 5G 專有高規格標準必要專利，會發現其中大多數涉及兩個工作小組— RAN1 和 RAN2，分別占比 15.96% 和 12.33%。

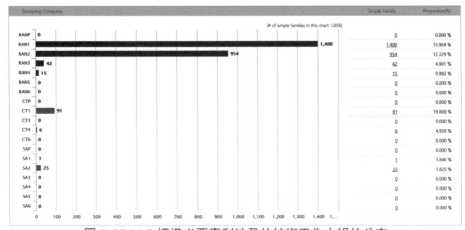

圖 7-37：**LG** 標準必要專利涉及的技術工作小組的分布

資料來源：Patentcloud-SEP OmniLytics

與其他公司相比，LG 5G 專有 SEPs 家族的所涉此兩個
工作小組的占比僅次於華為，如圖 7-38 所示。

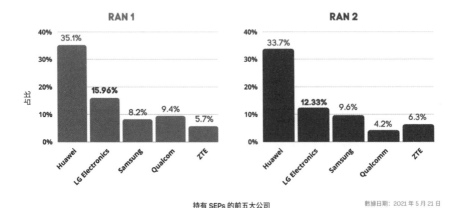

圖 7-38：**LG** 標準必要專利涉及的技術工作小組的分布

資料來源：Patentcloud-SEP OmniLytics

關於 3GPP 技術規格，可以看到 LG 的 5G 專有高規格標準必要專利主要集中在 TS 38.211~214，即新無線電實體層技術。

以全球觀之，按照同樣的準則（5G 專有、維護良好、有效），大多數宣告的標準必要專利涉及的技術規範為 TS 38.331 —即無線電資源控制，其次是 TS 38.211~214。LG 有的涉及 TS 38.300（NR 和 NG-RAN 總體描述）的 5G 標準必要專利則少一些，此規範是全球覆蓋範圍排第六的技術規範。

SEP Declarations by 3GPP Specifications
Which specifications has LG ELECTRONICS been involved in? Which technology?

3GPP Spec
All 3GPP Spec ▼

(# of simple families in this chart: 1,856)

	3GPP Spec	Spec Title	Simple Family
1.	TS 38 213	NR; Physical layer procedures for control	1,207
2.	TS 38 211	NR; Physical channels and modulation	1,103
3.	TS 38 212	NR; Multiplexing and channel coding	1,099
4.	TS 38 214	NR; Physical layer procedures for data	974
5.	TS 38 331	NR; Radio Resource Control (RRC); Protocol specification	908
6.	TS 38 321	NR; Medium Access Control (MAC) protocol specification	249
7.	TS 38 322	NR; Radio Link Control (RLC) protocol specification	221
8.	TS 38 323	NR; Packet Data Convergence Protocol (PDCP) specification	221
9.	TS 38 300	NR; NR and NG-RAN Overall description; Stage-2	219
10.	TS 24 501	Non-Access-Stratum (NAS) protocol for 5G System (5GS); Stage 3	78
11.	TS 24 502	Access to the 3GPP 5G Core Network (5GCN) via non-3GPP access networks	70
12.	TS 38 423	NG-RAN; Xn Application Protocol (XnAP)	31
13.	TS 38 413	NG-RAN; NG Application Protocol (NGAP)	30
14.	TS 38 463	NG-RAN; E1 Application Protocol (E1AP)	26
15.	TS 23 501	System architecture for the 5G System (5GS)	22

圖 7-39：LG 的 5G 標準必要專利涉及的技術規格分布情形
資料來源：Patentcloud-SEP OmniLytics

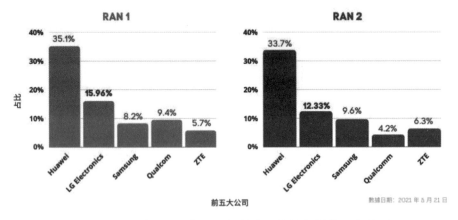

圖 9、RAN1 和 RAN2 的標準必要專利占比

圖 7-40：全球 5G 標準必要專利涉及的技術規格分布情形

資料來源：Patentcloud-SEP OmniLytics

3. LG 的鑽石級 5G 標準必要專利組合

以上透過 SEP OmniLytics，我們揭示了 LG 在 5G 技術領域的高規格 SEPs 及其佈局狀況與競爭分析。接下來，我們將利用 Patentcloud 的 Due Diligence，進一步檢視 LG 的鑽石級 5G 標準必要專利組合。

LG 的鑽石級專利組合指的是 5G 專有高規格（維護良好且有效）以及廣泛佈局的 5G SEPs 家族（在至少 10 個國家皆有佈局）。此條件下僅有 34 個專利家族和 570 項專利申請。

a）佈局狀態

分析LG此等鑽石級5G SEPs在全球各國的分布情形時，會發現大多數SEPs佈局在歐洲和韓國，其次是日本、中國和美國，其中有252項專利申請是有效的專利。

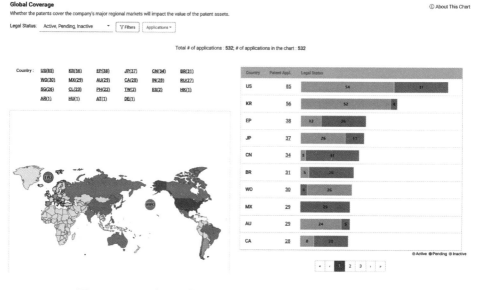

圖7-41：LG的5G鑽石標準必要專利組合的全球分布情形
資料來源：Patentcloud-SEP OmniLytics

b）專利引證分析

在不考慮自行引證的情況下，LG的鑽石級標準必要專利組合曾被高通申請專利時被大量引證，且被引證到高通公司本身廣泛佈局的SEPs組合中，而引證次數其次是華為和三星。

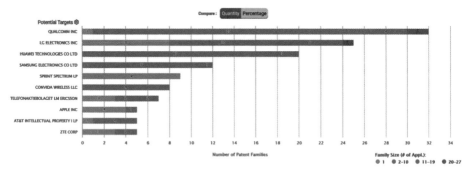

圖 7-42：LG 的 5G 鑽石級標準必要專利組合的引用情形

資料來源：Patentcloud-Due Diligence

c）專利品質

　　LG 該專利家族中有 31 個佈局在美國，包括 85 項專利申請。在這些專利家族和專利申請中，共 26 個專利家族（40 項申請）在可專利性方面遇到了挑戰。此外，13 個專利家族（20 項申請）遇過新穎性挑戰問題，占總數的 40%。

　　結果顯示，此專利組合中有一定比例的專利申請可能在可專利性上有潛在問題。

About This Chart

Legal Status: Active, Pending ▼ | ⏍ Filters | Patent Families ▼

Total # of patent families : **31**; # of patent families in the chart : **26**

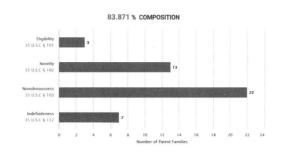

83.871 % COMPOSITION

圖 7-43：LG 的 5G 鑽石級標準必要專利組合的適格性和新穎性問題

資料來源：Patentcloud-Due Diligence

4. 總結

- 與其他公司相比，LG 所擁有宣告為 LTE 或 5G 標準必要專利的有效或審查中的電信專利的占比最高，約 20%。其中 60% 的專利家族在所有佈局的國家獲證而為有效中專利，僅次於華為。

- LG 的 5G 專有高規格（維護良好且有效）標準必要專利家族涉及的技術規格主要集中在 RAN1 和 RAN2 這兩個工作組。在這兩個工作組中的占比分別為 15.96% 和 12.33%，僅次於華為。

- LG 的 5G 鑽石級專利組合中的標準必要專利被華為、
高通和三星的標準必要專利大量引用。
- LG 鑽石級專利組合中約 40% 的專利申請顯示可能存
在品質問題。

綜上所述，LG 在全球 LTE 和 5G 標準必要專利格局中
佔據重要地位。從電信專利中宣告的標準必要專利在其高規
格 5G 標準必要專利和 5G 鑽石專利組合的高占比等指標，可
看出 LG SEPs 的技術分布在全球有穩固地位。

不過，從 Patentcloud 的 Due Diligence 中對 LG 鑽石級
專利組合的品質要點分析的結果，高達 40% 的專利申請在可
專利性上存有潛在問題。這也提醒我們，針對一間公司在專
利資產進行盡職調查時，除了專利組合的市場佈局情形、獲
證比例及引證狀態等資料外專利品質亦是不可忽視的重要指
標。

4. 結論

隨著創新技術的發展，通訊領域的標準必要專利數量正
在不斷增加，相信標準必要專利領域的挑戰亦會接踵而至，
如上文所提到授權費率的計算以及確定等。除此之外，從華
為在 2021 年 3 月宣布有關授權金的費率、小米同意對 Sisvel

的標準必要專利授權以及 Apple 因與 Optis 在英國的訴訟案而揚言退出英國市場等事件，都印證了此一現象。

5G 標準必要專利授權活動即將或是已經開始，無論是 5G 技術標準必要專利的實施者還是權利人，都難不被影響。

針對上述情況，我們提出了一個以「資料支持」的決策方法，以為將涉及標準必要專利世界和標準必要專利之爭的企業做好準備。隨著標準必要專利數量的不斷增加，傳統上以集中勞力的工作方法，在面對巨量資料時將不再有效。那些被捲進這個世界的企業和人們不是被大量的資料所淹沒，就是得在沒有充分準備所需的關鍵資訊和分析的情況下匆忙進入談判並做出倉促決定。因此，獲得準確和高品質的資料和洞見對於準備戰略和對策變得極為關鍵。

我們由衷地相信，更加透明的資料將有利於通訊標準必要專利領域中的所有利害關係人。利害關係人間的資訊不對等可以被打破，被授權人能更加信任既有的系統，標準必要專利權利人則可以在標準必要專利的貨幣化活動中降低阻力。整體來說，能有更多的時間和精力投入至開發和推廣新技術上。

希望本章的分析和提出的解決方案能夠讓我們的讀者掌握正確的知識、概念和工具，以面對目前的情況和未來將給標準必要專利世界帶來更多的變化和挑戰的 5G 技術時代。

第 8 章

21 世紀頂尖專利人士

值此貿易戰、科技戰、供應鏈重組、區域製造、技術融合、人工智慧和巨量資料時代，也是威尼斯共和國於 1474 年頒布世界首部專利法，歷經 547 年以來，專利世界將更為精彩和激烈。而，專利人士在「資料驅動」的專利營運新機制是需要再進化，始能成為產研學界的研發成果轉化專利及其貨幣化績效的要角。

　　21 世紀頂尖專利人士是藉由人工智慧「去除雜訊」並「萃取訊號」，提供可執行的專業洞見（Actionable Insights），支持決策者做出有影響力的決斷（Impactful Decisions）。基此，筆者要形塑的 21 世紀頂尖專利人士與業務，敘述如下：

1. 專利資料人士：

　　專利資料主要涵蓋資料工程、資料科學以及資料視覺化，而專利資料本身則要有品質，它包括完整性、正確性、一致性、標準化及即時性，因為只有優質資料，始能發展演算法據以支持專利人士分析及決策者決斷。

2. 專利系統人士：

　　專利系統是指 SaaS 智慧平台，它提供可行動洞察，支持組織在技術、研發、製造、投資、併購、研發人力以及專利佈局、資產組合、授權、買賣、訴訟、無效等進行精準決策，它取代了傳統專利檢索系統及專利管理系統，而不再讓

專利人士浪費時間從事繁瑣重複的工作，蓋專利系統的專利品質洞察、盡職調查及標準必要專利綜合分析等智慧分析方案可瞬間提供有意義的訊號而非擾人的雜訊。

3. 專利分析人士：

當專利浩瀚資料不用再繁複檢索時，專利分析人士的業務則建構在人工智慧和優質資料上，提供專業洞見給 CEO、CTO、CMO、CFO、CLO、CIPO、CHRO 等 C 級決策人士做有影響力的決策。

4. 專利佈局人士：

專利佈局是指依組織策略、商業模式、獲利模式以及鏈結全球產業鏈、創新鏈、投資鏈、併購鏈來申請佈局在不同國家的專利，據以確保高毛利率、市占率和貨幣化率等財務績效，同時據以整合更多資源，實踐開放創新。

5. 專利組合人士：

專利組合是指以技術結構、產品結構、應用結構以及專利競合關係來管理和營運專利資產，包括維持、剝離、增加等，據以支持資產管理效益，含降低費用、提高收益等，同時也支持專利資產在投資併購及質押業務。

6. 專利申請人士:

雖然專利申請是亞洲專利人士的主要工作,但新世代的專利申請則是以巨量資料為基礎的專利生命週期及專利組合來進行申請業務,而且申請專利亟需優先確保其品質與價值,而不再以數量作為評量基礎。

7. 專利風控人士:

專利風控是指對於商品研發及產銷所面對的跨國專利侵權風險以及涉及專利的反壟斷爭訟予以消除或化解,其措施包括對第三方專利提起專利無效或進行迴避設計或證明不侵權、對產銷進行商業模式調整、甚至採取必要各類措施,也包括對組織利害關係人進行說明或釋疑。專利風控人士還需制定風險控制策略,並需與各方利害關係人溝通、談判。

8. 專利財會租稅人士:

專利在會計、財務及租稅上的概念突破是新經濟時代所必要的,尤其是將研發費用轉化的專利成果具體呈現在財務報表,而使企業價值得以完整體現。而專利買賣、授權、作價投資及質押,以及前述相關複雜的國際租稅規畫,亦屬於專利財會租稅人士範疇。

9. 專利商品化人士：

商品化主要是整合商品化資源來實現研發成果。專利商品化對於亞洲企業而言不是問題，因為大多數亞洲企業以既有產品的開發與工程為主，但對於從事基礎和應用研究的學研界和科技新創事業卻是痛點，此亟需專利商品化人士，使研發創新獲得商品化的實現。

10. 專利貨幣化人士：

專利貨幣化是指於國際上進行專利授權、買賣和侵權訴訟，獲取鉅額財務績效，也包括組建並營運專利池，尤其是標準必要專利（SEP）。

附錄一：致謝——參與本書之專業公司

世博科技顧問

世博科技顧問（WISPRO）是長期受市場肯定，以專利和跨領域專業知識、技能為核心，並藉此提供完整解決方案的團隊。

透過對每個客戶的商業模式、產品技術、產業動態和產業生態系的深刻了解，世博協同客戶發掘研發成果的機會與挑戰、從跨域資訊中透析最佳解決方案，不僅提供可執行的專業建議以支持決策者做出有影響力的決斷，更協同客戶一同實踐達成願景的戰略與戰術，以完整且高品質的技術資產配合適切的智慧財產佈局及營運策略，捍衛商業活動營運自由、強化市場競爭優勢、獲取智財多元獲利等商業目標。

賽恩倍吉集團

ScienBiziP

　　賽恩倍吉（ScienBiziP）匯聚全球產業、科技、知識產權、法律等頂尖人士，在中國、美國、日本、台灣等據點，以跨域資料輔助的專利營運新機制與跨據點協作平台，為全球各類型客戶提供知識產權調研、風險、佈局、申請、組合管理、營運等全生命週期的一站式知識產權服務（One-Stop IP Solution）。

　　賽恩倍吉始終秉持以客戶為中心，以客戶成功為導向，在智慧財產領域中，協助客戶以智慧財產持續創新，解決問題、創造價值、超越期望，提供專業洞見，協同客戶實現願景與目標。

孚創雲端

　　孚創雲端（InQuartik）是一家致力於發展人工智慧技術，並專注於專利情報的軟體即服務（SaaS）公司。借助高品質大數據的強大分析，不僅止於提供專利資料，還使資料具有高度可執行性洞見。

麥克思智慧資本

MiiCs

　　麥克思智慧資本（MiiCs）是亞洲知名的智慧財產貨幣化管理顧問公司之一。憑借對新興技術及其智慧財產潛力的深刻理解，以及對成功地為客戶提供智慧財產權銷售／收購之仲介、以及專利授權和投資併購（M&A）等全方位的服務，為客戶創造價值。

書末註

■前言

1. 周延鵬（2020）。專利權力遊戲：一甲子的糾結與解方。工商時報 - 名家評論。

2. Wikipedia：World Intellectual Property Organization

3. 維基百科：世界智慧財產權日

4. 維基百科：威尼斯專利法

5. 維基百科：專利地圖

6. 維基百科：資料分析

7. U.S. International Trade Commission：ABOUT SECTION 337

8. 周延鵬（2020）。專利權力遊戲：一甲子的糾結與解方。工商時報 - 名家評論。

9. 周延鵬（2018）。在美國壓力下的智財保護宣示有用嗎？。工商時報 - 名家評論。

11. 周延鵬（2015）。智富密碼 – 智慧財產運贏及貨幣化 - 第一章：專利資產運營、運贏與運盈。台北市：天下雜誌出版。

12. 世博科技顧問：智財盡職調查

13. 美國專利法 35 U.S.C § 101、102、103 和 112

14. Wikipedia：IP5（intellectual property offices）

15. Apex Standards：https://www.apexstandards.com/

16. Hopkins Bruce Publishers Corp：https://brochure.docketnavigator.com/

17. InQuartik：https://www.inquartik.com/

18. 周延鵬（2020）。AI 時代，即時有意義的專利情報是組織營運不可或缺的智慧。孚創雲端官方網站。

19. 維基百科：歐洲電信標準協會

20. Avanci, LLC.：https://www.avanci.com/

21. Wikipedia：Reasonable and non-discriminatory licensing

22. Wikipedia：Approved Drug Products with Therapeutic Equivalence Evaluations

23. 維基百科：財務會計標準委員會

24. 維基百科：國際會計準則理事會

25. Wikipedia：Sustainability Accounting Standards Board

26. MBA 智庫：非財務信息

27. 周延鵬（2020）。產學研官決策的腦礦：專利智能情報是無盡寶藏。孚創雲端官方網站。

28. 曾志偉（2022）。翻轉智財策略與管理模式 - 談跨域資訊如何支持企業商業決策（上）。世博科技顧問官方網站。

29. 數位時代：解讀郭台銘 139 條總裁語錄

30. Wikipedia：WiTricity

31. 劉宙燊（2022）。中國未來車新勢力，專利知多少？。世博科技顧問官方網站。

32. Wikipedia：Computer-aided software engineering

33. MarkLines：Automotive Industry Portal https://www.marklines.com/en/

34. 周延鵬（2020）。你必須知道的專利資料分析與應用的四大趨勢。孚創雲端官方網站。

■第 2 章

35. 孚創雲端（2021）。專利品質和價值指標白皮書。

36. World Intellectual Property Indicators 2021, Page 12 Figure A1

37. World Intellectual Property Indicators 2021, Page 19 Figure A3

38. 美國專利法 35 U.S.C § 101、102、103 和 112

39. 教育資料與圖書館學：台灣地區專利指標應用之書目計量學研究

40. PatSnap：https://www.patsnap.com/

41. ULTRA Patent：https://www.ultra-patent.jp/Search/Workboard

42. 政大智慧財產評論，1(1), 25-50, 2003, https://nccur.lib.nccu.edu.tw/handle/140.119/123297

43. 政大智慧財產評論 200404（2:1 期）- 中國知識產權戰略試探－一件中國專利將等於或大於一件美國專利的經濟價值

44. 政治大學智財叢書 12, 智慧財產的機會與挑戰 - 劉江兵劉江彬教授榮退論文集 . 周延鵬 專利的品質、價值與價格的初探，P462，元照出版社。

45. 周延鵬（2010）。智慧財產全球行銷獲利聖經。台北市：天下雜誌出版。

46. 周延鵬（2015）。智富密碼：智慧財產運贏及貨幣化 - 第一章：專利的品質價值價格。台北市：天下雜誌出版。

47. Wikipedia：Generally Accepted Accounting Principles

48. Wikipedia：International Financial Reporting Standards

49. 周延鵬（2006）：虎與狐的智慧力－智慧資源規劃九把金鑰。台北市：天下遠見出版。

50. U.S. FDA- 橘皮書

51. USPTO：Report on Virtual Marking

52. 曾志偉（2020）。以專利數據一窺 Intel 與 TSMC 先進製程發展脈絡。世博科技顧問官方網站。

第 3 章

53. 周延鵬（2010）。智慧財產全球行銷獲利聖經。台北市：天下雜誌出版。

54. 若專利權人目的是追求學術、科學聲譽，相較於發表期刊論文等途徑，透過專利的成本費用投資相對高昂反而顯得不合理；抑或為了滿足特定經費補助的驗收條件、政府資助條件或行銷用途的專利，前述情境不納入本文探討範圍。

55. Source: https://databank.worldbank.org, last viewed: 2022/4/19

56. Source: https://datacatalog.worldbank.org/search/dataset/0037712/World-Development-Indicators, last viewed: 2022/4/19.

57. Source: https://cpx.cbc.gov.tw/Tree/TreeSelect, last viewed: 2022/4/20

58. Wikipedia：Investigational New Drug

59. Source: Lisa L. Ouellette, How Many Patents Does It Take to Make a Drug - Follow-On Pharmaceutical Patents and University Licensing, 17 Mich. Telecomm. & Tech. L. Rev. 299（2010）. Available at: https://repository.law.umich.edu/mttlr/vol17/iss1/7

60. 醫療器材分類分級管理辦法 - 第 3 條

61. Source: https://www.medicaldesignandoutsourcing.com/medtronic-acquisitions/ , last viewed: 2022/5/26

62. QCT：https://investor.qualcomm.com/segments/qct

63. QTL：https://investor.qualcomm.com/segments/qtl

64. Source：https://investor.qualcomm.com/financial-information/sec-filings/content/0001728949-21-000076/qcom-20210926.htm, last viewed: 2022/4/24

65. Source: Qualcomm, last viewed: 2022/4/24

66. 1474 年 3 月 19 日威尼斯共和國通過的《威尼斯專利法》世界上最

早的成文專利法開始計算。

67. Source: Kmuehmel, CC BY-SA 3.0, via Wikimedia Commons

68. https://www.inquartik.com.tw/patent-quality-value-whitepaper-b/

69. 周延鵬（2006）。虎與狐的智慧力－智慧資源規劃九把金鑰。台北市：天下遠見出版。

70. 「實施」在此定義包括：製造、銷售、許諾銷售、使用、進口等專利排他權的行為類型。

71. 維基百科：貝氏定理

■第 4 章

72. 周延鵬（2021）。CEO 驅動專利投資效益很簡單 不再只用數量評量績效。工商時報 - 名家評論。

73. 周延鵬（2006）。虎與狐的智慧力－智慧資源規劃九把金鑰。台北市：天下遠見出版。

74. Doket Navigator, SkyBell Technologies, Inc. v. Ring Inc. CDCA-8-18-cv-00014

75. Ring LLC et al v. SkyBell Technologies, Inc.-IPR2019-00443 (PTAB)、IPR2019-00444 (PTAB)、IPR2019-00445 (PTAB)、IPR2019-00446 (PTAB)、IPR2019-00447 (PTAB) PTAB-IPR2019-00443, PTAB-IPR2019-00444, PTAB-IPR2019-00445, PTAB-IPR2019-00446, PTAB-IPR2019-00447

■第 5 章

76. 周延鵬（2020）。無形資產大於有形資產的價值已逾 25 年－會計制度對專利無形資產的體現需有解方。工商時報 - 名家評論。

77. Ocean Tomo, Intangible Asset Market Value Study

78. 維基百科：盧卡‧帕西奧利

79. Wikipedia：Summa de arithmetica

80. 孚創雲端，透過盡職調查完整呈現無形資產

81. IFRS Foundation：IAS 38 Intangible Assets

82. InQuartik, Patent Analysis Suggests Microsoft's Acquisition of Nuance Helps It Better Compete With Apple

83. Via Satellite, SpaceX Buys Out Satellite IoT Startup Swarm Technologies

84. ABI Research, Merger Case Study: Apple Acquires Intel's Smartphone Modem Business

85. 周延鵬（2020）。讓視覺化與即時性的專利資產評估，成為新創投資併購的關鍵。孚創雲端官網站。

86. Renaissance Capital, US IPO Market-2Q 2021 Quarterly Review

87. 財經頭條，合計募資 2110 亿 上半年新股數量大增 106%

88. http://www.csrc.gov.cn/csrc/c106256/c1653753/content.shtml

89. IPRDaily, 33 家企業曾被按下科创板 IPO 暂停键，50% 都与知识产权有关，如何破解？

90. IPO 成功闯关 145 家，科创板 2020 年榜单全面揭晓！

■ 第 6 章

91. PwC | 2018 Patent Litigation Study

92. The Report of the Economic Survey, AIPLA

93. 周延鵬（2010）。智慧財產全球行銷獲利聖經 - 第九章 智慧財產侵權訴訟。台北市：天下雜誌出版。

94. PTAB Trial Statistics, Fiscal Year 2021, P14

95. Patentcloud - Quality Insights

第 7 章

96. European Telecommunications Standards Institute
97. Alliance for Telecommunications Industry Solutions
98. GSM（Global System for Mobile communication）
99. 5G（5th generation mobile networks）
100. DETC（Digital Enhanced Cordless Telecommunications）
101. ETSI- IPR FAQs
102. FRAND（fair, reasonable, and non-discriminatory）
103. ETSI-IPR Policy
104. Over-Declaration of Standard Essential Patents and Determinants of Essentiality
105. InQuartik- Over-Declaration: Why Some Standard Essential Patents Actually Aren't Essential
106. ETSI-IPR Policy
107. Patent Challenges for Standard-Setting report
108. Ericsson and Samsung's licensing agreement in 2014
109. IDC（International Data Corporation）
110. Wireless Industry Leaders commit to framework for LTE technology IPR licensing
111. 5G RuralFirst project
112. 以下分析以「新宣告」之「有效中及申請中」之簡單專利家族作為主要計算單位，新宣告係指先前從未宣告過的標準必要專利。
113. LG to Close Mobile Phone Business Worldwide
114. LG scraps its smartphone business as losses mount
115. NPEs Focusing on Standard Essential Patents of LG Electronics
116. DOCDB simple patent family

BIG 408

專利營運的新機制：運用AI分析專利資訊，輔助經營管理者做出關鍵決策

指導者　　周延鵬 律師
作者　　　曾志偉、林家聖、徐歷農、薛曉偉、周靜、劉宙燊、林子堯、唐家耀
編著　　　蔡佩紜、李威龍、江德馨、李思儀
主編　　　謝翠鈺
企劃　　　鄭家謙
封面設計　陳文德
美術編輯　SHRTING WU、趙小芳

董事長　　趙政岷
出版者　　時報文化出版企業股份有限公司
　　　　　108019 台北市和平西路三段二四〇號七樓
　　　　　發行專線｜(〇二)二三〇六六八四二
　　　　　讀者服務專線｜〇八〇〇二三一七〇五｜(〇二)二三〇四七一〇三
　　　　　讀者服務傳真｜(〇二)二三〇四六八五八
　　　　　郵撥｜一九三四四七二四時報文化出版公司
　　　　　信箱｜一〇八九九　台北華江橋郵局第九九信箱
時報悅讀網　http://www.readingtimes.com.tw
法律顧問　理律法律事務所｜陳長文律師、李念祖律師
印刷　　　勁達印刷有限公司
初版一刷　二〇二三年二月十日
定價　　　新台幣四八〇元
（缺頁或破損的書，請寄回更換）

時報文化出版公司成立於一九七五年，
並於一九九九年股票上櫃公開發行，於二〇〇八年脫離中時集團非屬旺中，
以「尊重智慧與創意的文化事業」為信念。

專利營運的新機制：運用AI分析專利資訊，輔助經營管理者做
出關鍵決策/周延鵬指導者；曾志偉, 林家聖, 徐歷農, 薛曉偉,
周靜, 劉宙燊, 林子堯, 唐家耀作者；蔡佩紜, 李威龍, 江德馨, 李思
儀編著. -- 一版. -- 臺北市：時報文化, 2023.02
　　面；　公分. -- (Big；408)
ISBN 978-626-353-444-5(平裝)

1.CST: 專利

440.6　　　　　　　　　　　　　　112000268

ISBN 978-626-353-444-5
Printed in Taiwan